应用型本科院校"十三五"规划教材/同步学习指导丛书

U0223195

主　编　于莉琦
副主编　巨小维　高恒嵩

高等数学学习指导

下　册

A Guide to the Study of Advanced Mathematics

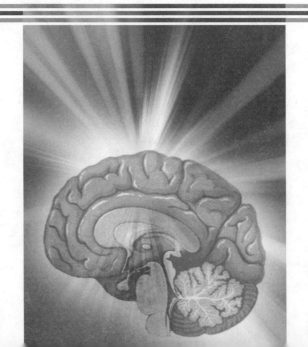

哈尔滨工业大学出版社

内 容 简 介

本书是应用型本科院校规划教材的学习指导丛书,是与洪港主编的《高等数学(下)》教材相配套的学习指导书.内容包括:向量代数与空间解析几何、多元函数微分学、多元函数积分学、无穷级数等.每章都编写了以下五方面的内容:内容提要,典型题精解,同步题解析,验收测试题,验收测试题答案,并且在最后编写了总复习题.编写了六套考试模拟题,并附有答案.本书叙述详尽,通俗易懂.

本书可供应用型本科院校相关专业学生使用,也可作为教师与工程技术、科技人员的参考书.

图书在版编目(CIP)数据

高等数学学习指导.下/于莉琦主编.—哈尔滨:
哈尔滨工业大学出版社,2016.1(2023.1 重印)
应用型本科院校"十三五"规划教材
ISBN 978 − 7 − 5603 − 5840 − 6

Ⅰ.①高… Ⅱ.①于… Ⅲ.①高等数学-高等学校-教学参考资料 Ⅳ.①O13

中国版本图书馆 CIP 数据核字(2016)第 007654 号

策划编辑 杜 燕
责任编辑 李长波
出版发行 哈尔滨工业大学出版社
社 址 哈尔滨市南岗区复华四道街 10 号 邮编 150006
传 真 0451 − 86414749
网 址 http://hitpress.hit.edu.cn
印 刷 黑龙江艺德印刷有限责任公司
开 本 787mm×1092mm 1/16 印张 9.25 字数 200 千字
版 次 2016 年 1 月第 1 版 2023 年 1 月第 4 次印刷
书 号 ISBN 978 − 7 − 5603 − 5840 − 6
定 价 20.00 元

序

哈尔滨工业大学出版社策划的《应用型本科院校"十三五"规划教材》即将付梓，诚可贺也。

该系列教材卷帙浩繁，凡百余种，涉及众多学科门类，定位准确，内容新颖，体系完整，实用性强，突出实践能力培养。不仅便于教师教学和学生学习，而且满足就业市场对应用型人才的迫切需求。

应用型本科院校的人才培养目标是面对现代社会生产、建设、管理、服务等一线岗位，培养能直接从事实际工作、解决具体问题、维持工作有效运行的高等应用型人才。应用型本科与研究型本科和高职高专院校在人才培养上有着明显的区别，其培养的人才特征是：①就业导向与社会需求高度吻合；②扎实的理论基础和过硬的实践能力紧密结合；③具备良好的人文素质和科学技术素质；④富于面对职业应用的创新精神。因此，应用型本科院校只有着力培养"进入角色快、业务水平高、动手能力强、综合素质好"的人才，才能在激烈的就业市场竞争中站稳脚跟。

目前国内应用型本科院校所采用的教材往往只是对理论性较强的本科院校教材的简单删减，针对性、应用性不够突出，因材施教的目的难以达到。因此亟须既有一定的理论深度又注重实践能力培养的系列教材，以满足应用型本科院校教学目标、培养方向和办学特色的需要。

哈尔滨工业大学出版社出版的《应用型本科院校"十三五"规划教材》，在选题设计思路上认真贯彻教育部关于培养适应地方、区域经济和社会发展需要的"本科应用型高级专门人才"精神，根据前黑龙江省委书记吉炳轩同志提出的关于加强应用型本科院校建设的意见，在应用型本科试点院校成功经验总结的基础上，特邀请黑龙江省9所知名的应用型本科院校的专家、学者联合编写。

本系列教材突出与办学定位、教学目标的一致性和适应性，既严格遵照学科体系的知识构成和教材编写的一般规律，又针对应用型本科人才培养目标及与之相适应的教学特点，精心设计写作体例，科学安排知识内容，围绕应用讲授理论，做到"基础知识够用、实践技能实用、专业理论管用"。同时注意适当融入新理论、新技术、新工艺、新成果，并且制作了与本书配套的PPT多媒体教学课件，形成立体化教材，供教师参考使用。

《应用型本科院校"十三五"规划教材》的编辑出版，是适应"科教兴国"战略对复合型、应用型人才的需求，是推动相对滞后的应用型本科院校教材建设的一种有益尝试，在应用型创新人才培养方面是一件具有开创意义的工作，为应用型人才的培养提供了及时、可靠、坚实的保证。

希望本系列教材在使用过程中，通过编者、作者和读者的共同努力，厚积薄发、推陈出新、细上加细、精益求精，不断丰富、不断完善、不断创新，力争成为同类教材中的精品。

前　言

为了加强学生的自学能力、分析问题与解决问题能力的培养,加强对学生的课外学习指导,我们编写了这套工科数学学习指导丛书.这套学习指导丛书是与应用型本科院校数学系列教材相匹配的.

本书是与洪港主编的《高等数学(下)》教材相配套的学习指导书.内容包括:向量代数与空间解析几何、多元函数微分学、多元函数积分学、无穷级数等.每章都编写了以下五方面的内容:内容提要,典型题精解,同步题解析,验收测试题,验收测试题答案,并且在最后编写了总复习题.编写了六套考试模拟题,并附有答案.本书叙述详尽,通俗易懂.

本书由于莉琦主编,巨小维、高恒嵩任副主编.在编写过程中参阅了我们以往教学过程中积累的资料以及兄弟院校的相关资料,在此一并表示感谢.

建议读者在使用本书时,不要急于参阅书后的答案,首先要独立思考,多做习题,尤其是多做基础性和综合性习题,这对于掌握教材的理论与方法有着不可替代的作用.希望本书能在你解题山穷水尽之时,将你带到柳暗花明的境界,不断地提高你的自学能力、分析问题与解决问题的能力.

由于时间仓促,水平有限,书中难免存在一些不当之处,敬请广大读者不吝指教.

编　者

2015 年 12 月

目　　录

第 8 章

向量代数与空间解析几何

8.1 内容提要

1. 向量代数

（1）空间直角坐标系 右手系、原点、三条坐标轴、三个坐标面、八个卦限. 空间中的点 $M(x,y,z)$，两点间距离 $|P_1P_2| = \sqrt{(x_2 - x_1)^2 + (y_2 - y_1)^2 + (z_2 - z_1)^2}$.

（2）向量的概念 向量又名矢量，是指既有大小，又有方向的量，记为 $\boldsymbol{a}$，大小称为向量的模，记为 $|\boldsymbol{a}|$. 还有一些其他基本概念：自由向量，单位向量，零向量，负向量，相等向量，平行向量，共线向量，基本单位向量，向径，方向角，方向余弦等.

向量的坐标分解式 $\boldsymbol{r} = x\boldsymbol{i} + y\boldsymbol{j} + z\boldsymbol{k} = \{x,y,z\}$.

方向余弦 $(\cos\alpha, \cos\beta, \cos\gamma) = (\frac{x}{|r|}, \frac{y}{|r|}, \frac{z}{|r|}) = \frac{1}{|r|}(x,y,z)$.

（3）向量的线性运算

加减法 $\boldsymbol{a} \pm \boldsymbol{b}$：用平行四边形（或三角形）法则计算，向量的加减法有交换律与结合律；

数量乘法运算 $\lambda\boldsymbol{a}$：$\lambda > 0$（或 < 0）时，$\lambda\boldsymbol{a}$ 与 $\boldsymbol{a}$ 同（异）向，$\lambda = 0$ 时，$\lambda\boldsymbol{a} = \boldsymbol{0}$. 数量乘法有结合律与分配律.

（4）坐标下向量的线性运算

$$\boldsymbol{a} \pm \boldsymbol{b} = (a_x \pm b_x)\boldsymbol{i} + (a_y \pm b_y)\boldsymbol{j} + (a_k \pm b_k)\boldsymbol{k}$$

$$\lambda\boldsymbol{a} = \lambda a_x\boldsymbol{i} + \lambda a_y\boldsymbol{j} + \lambda a_k\boldsymbol{k}$$

$$\boldsymbol{a} \text{ // } \boldsymbol{b} \Leftrightarrow \{b_x, b_y, b_z\} = \lambda\{a_x, a_y, a_z\} \Leftrightarrow \frac{a_x}{b_x} = \frac{a_y}{b_y} = \frac{a_z}{b_z} (\boldsymbol{a} \neq \boldsymbol{0})$$

（5）向量的投影 向量 $\boldsymbol{a} = \overrightarrow{AB}$ 及数轴 u，过点 A 与 B 向数轴 u 作垂线，设垂足分别为 A', B'，这两个点在数轴 u 上的坐标分别为 u_A 与 u_B，称 $\mathrm{Prj}_u\overrightarrow{AB} = u_B - u_A$ 为向量 $\overrightarrow{AB}$ 在数轴 u 上的投影.

投影的性质：① $\mathrm{Prj}_u(\boldsymbol{a} + \boldsymbol{b}) = \mathrm{Prj}_u\boldsymbol{a} + \mathrm{Prj}_u\boldsymbol{b}$，

$$\mathrm{Prj}_u(\boldsymbol{a} - \boldsymbol{b}) = \mathrm{Prj}_u\boldsymbol{a} - \mathrm{Prj}_u\boldsymbol{b};$$

② 设 λ 是数量,则 $\mathrm{Prj}_u(\lambda a) = \lambda \mathrm{Prj}_u a.$

2. 数量积与向量积

(1) 数量积(设 $\mathrm{Prj}_a \boldsymbol{b} \neq 0, \mathrm{Prj}_b \boldsymbol{a} \neq 0$)

$$\boldsymbol{a} \cdot \boldsymbol{b} = |\boldsymbol{a}||\boldsymbol{b}|\cos\langle\overset{\wedge}{\boldsymbol{a},\boldsymbol{b}}\rangle = |\boldsymbol{a}|\mathrm{Prj}_a\boldsymbol{b} = |\boldsymbol{b}|\mathrm{Prj}_b\boldsymbol{a} = a_x b_x + a_y b_y + a_z b_z$$

$$\boldsymbol{a} \cdot \boldsymbol{a} = |\boldsymbol{a}|^2, \quad \boldsymbol{a} \cdot \boldsymbol{b} = \boldsymbol{b} \cdot \boldsymbol{a}, \quad (\boldsymbol{a}+\boldsymbol{b}) \cdot \boldsymbol{c} = \boldsymbol{a} \cdot \boldsymbol{c} + \boldsymbol{b} \cdot \boldsymbol{c}$$

$$(\lambda\boldsymbol{a}) \cdot \boldsymbol{b} = \lambda(\boldsymbol{a} \cdot \boldsymbol{b})$$

$$(\lambda\boldsymbol{a}) \cdot (\mu\boldsymbol{b}) = \lambda\mu(\boldsymbol{a} \cdot \boldsymbol{b})$$

$$\boldsymbol{a} \perp \boldsymbol{b} \Leftrightarrow \boldsymbol{a} \cdot \boldsymbol{b} = 0 \Leftrightarrow a_x b_x + a_y b_y + a_z b_z = 0$$

$$\cos\theta = \frac{\boldsymbol{a} \cdot \boldsymbol{b}}{|\boldsymbol{a}||\boldsymbol{b}|} = \frac{a_x b_x + a_y b_y + a_z b_z}{\sqrt{a_x^2 + a_y^2 + a_z^2}\sqrt{b_x^2 + b_y^2 + b_z^2}}$$

(2) 向量积

$\boldsymbol{c} = \boldsymbol{a} \times \boldsymbol{b}, |\boldsymbol{c}| = |\boldsymbol{a}||\boldsymbol{b}|\sin\langle\overset{\wedge}{\boldsymbol{a},\boldsymbol{b}}\rangle, \boldsymbol{c}$ 垂直于 $\boldsymbol{a}$ 与 $\boldsymbol{b}$ 所决定的平面,其指向按右手规则从 $\boldsymbol{a}$ 转向 $\boldsymbol{b}$ 确定.

$$\boldsymbol{a} \times \boldsymbol{b} = -(\boldsymbol{b} \times \boldsymbol{a}), \quad \lambda(\boldsymbol{a} \times \boldsymbol{b}) = (\lambda\boldsymbol{a}) \times \boldsymbol{b} = \boldsymbol{a} \times (\lambda\boldsymbol{b})$$

$$\boldsymbol{c} \times (\boldsymbol{a}+\boldsymbol{b}) = \boldsymbol{c} \times \boldsymbol{a} + \boldsymbol{c} \times \boldsymbol{b}$$

$$(\boldsymbol{a}+\boldsymbol{b}) \times \boldsymbol{c} = \boldsymbol{a} \times \boldsymbol{c} + \boldsymbol{b} \times \boldsymbol{c}$$

$$\boldsymbol{a} /\!/ \boldsymbol{b} \Leftrightarrow \boldsymbol{a} \times \boldsymbol{b} = \boldsymbol{0}, \quad \boldsymbol{a} \times \boldsymbol{b} = \begin{vmatrix} \boldsymbol{i} & \boldsymbol{j} & \boldsymbol{k} \\ a_1 & a_2 & a_3 \\ b_1 & b_2 & b_3 \end{vmatrix}$$

(3) 混合积

$[\boldsymbol{abc}] = \begin{vmatrix} a_x & a_y & a_z \\ b_x & b_y & b_z \\ c_x & c_y & c_z \end{vmatrix}$ 称为向量 $\boldsymbol{a},\boldsymbol{b},\boldsymbol{c}$ 的混合积,它的绝对值表示以向量 $\boldsymbol{a},\boldsymbol{b},\boldsymbol{c}$ 为棱

的平行六面体的体积,如果向量 $\boldsymbol{a},\boldsymbol{b},\boldsymbol{c}$ 组成右手系,那么混合积的符号是正的,如果向量 $\boldsymbol{a},\boldsymbol{b},\boldsymbol{c}$ 组成左手系,那么混合积的符号是负的.

3. 空间平面与直线

(1) 平面方程的三种形式

点法式:$A(x - x_0) + B(y - y_0) + C(z - z_0) = 0$;

一般式:$Ax + By + Cz + D = 0$;

截距式:$\dfrac{x}{a} + \dfrac{y}{b} + \dfrac{z}{c} = 1$;

两平面的夹角:$\cos\theta = \dfrac{|A_1 A_2 + B_1 B_2 + C_1 C_2|}{\sqrt{A_1^2 + B_1^2 + C_1^2}\sqrt{A_2^2 + B_2^2 + C_2^2}}$;

$\pi_1 \perp \pi_2$ 的充分必要条件为 $A_1 A_2 + B_1 B_2 + C_1 C_2 = 0$;

$\pi_1 /\!/ \pi_2$ 的充分必要条件为 $\dfrac{A_1}{A_2} = \dfrac{B_1}{B_2} = \dfrac{C_1}{C_2}$;

点到平面的距离：$d = \dfrac{|Ax_0 + By_0 + Cz_0 + D|}{\sqrt{A^2 + B^2 + C^2}}$.

（2）直线方程的三种形式

对称式：$\dfrac{x - x_0}{m} = \dfrac{y - y_0}{n} = \dfrac{z - z_0}{p}$；

参数式：$\begin{cases} x = x_0 + mt \\ y = y_0 + nt \\ z = z_0 + pt \end{cases}$　$(-\infty < t < +\infty)$；

一般式：$\begin{cases} A_1 x + B_1 y + C_1 z + D_1 = 0 \\ A_2 x + B_2 y + C_2 z + D_2 = 0 \end{cases}$；

两直线的夹角：$\cos \varphi = \dfrac{|m_1 m_2 + n_1 n_2 + p_1 p_2|}{\sqrt{m_1^2 + n_1^2 + p_1^2} \sqrt{m_2^2 + n_2^2 + p_2^2}}$；

$L_1 \perp L_2$ 的充分必要条件是 $m_1 m_2 + n_1 n_2 + p_1 p_2 = 0$；

$L_1 /\!/ L_2$ 的充分必要条件是 $\dfrac{m_1}{m_2} = \dfrac{n_1}{n_2} = \dfrac{p_1}{p_2}$；

直线与平面的夹角：$\sin \varphi = \dfrac{|Am + Bn + Cp|}{\sqrt{A^2 + B^2 + C^2} \sqrt{m^2 + n^2 + p^2}}$；

直线 L 与平面 π 垂直的充分必要条件是 $\dfrac{m}{A} = \dfrac{n}{B} = \dfrac{p}{C}$；

直线 L 与平面 π 平行的充分必要条件是：$Am + Bn + Cp = 0$.

4. 空间曲面与曲线

（1）曲面的概念

二次曲面的概念：$a_1 x^2 + a_2 y^2 + a_3 z^2 + b_1 xy + b_2 yz + b_3 zx + c_1 x + c_2 y + c_3 z + d = 0$ 所确定的曲面称为二次曲面；

旋转曲面：一平面曲线 C 绕着它所在平面的一条直线 L 旋转一周所生成的曲面称为旋转曲面（简称旋转面），其中曲线 C 称为旋转曲面的母线，直线 L 称为旋转曲面的旋转轴.

常见的旋转曲面有圆锥面、旋转单叶双曲面、旋转双叶双曲面等.

母线平行于坐标轴的柱面：平行于定直线 L 并沿定曲线 C 移动的直线 l 所生成的曲面称为柱面. 动直线 l 在移动中的每一个位置称为柱面的母线，曲线 C 称为柱面的准线.

常见的柱面有圆柱面、椭圆柱面、抛物柱面、双曲柱面等.

常见的二次曲面还有椭球面、椭圆抛物面、椭圆锥面、单叶双曲面、双叶双曲面等.

（2）空间曲线的一般式方程：$\begin{cases} F(x,y,z) = 0 \\ G(x,y,z) = 0 \end{cases}$；

空间曲线的参数式方程：$C: \begin{cases} x = x(t) \\ y = y(t) \\ z = z(t) \end{cases}$　$(a \leqslant t \leqslant b)$.

（3）空间曲线在坐标面上的投影

设 Γ 为已知空间曲线，则以 Γ 为准线，平行于 z 轴的直线为母线的柱面，称为空间曲线 Γ 关于 xOy 坐标面的投影柱面，而投影柱面与 xOy 的交线 C 称为曲线 Γ 在 xOy 上的投影曲线.

$$\begin{cases} F(x,y,z)=0 \\ G(x,y,z)=0 \end{cases} \xrightarrow{\text{消去法}} H(x,y)=0 \text{ 得投影曲线} \begin{cases} H(x,y)=0 \\ z=0 \end{cases}.$$

8.2 典型题精解

例1 设 P 在 x 轴上，它到 $P_1(0,\sqrt{2},3)$ 的距离为到点 $P_2(0,1,-1)$ 的距离的两倍，求点 P 的坐标.

解 因为 P 在 x 轴上，设 P 点坐标为 $(x,0,0)$，则

$$|PP_1|=\sqrt{(-x)^2+\left(\sqrt{2}\right)^2+3^2}=\sqrt{x^2+11}, \quad |PP_2|=\sqrt{(-x)^2+1^2+(-1)^2}=\sqrt{x^2+2}$$

因为 $\qquad\qquad |PP_1|=2|PP_2|$

所以 $\sqrt{x^2+11}=2\sqrt{x^2+2}\Rightarrow x=\pm1$，所求点为 $(1,0,0),(-1,0,0)$.

例2 设 $m=3i+5j+8k, n=2i-4j-7k, p=5i+j-4k$，求 $a=4m+3n-p$ 在 y 轴上的分向量.

解 因为

$$a=4m+3n-p=4(3i+5j+8k)+3(2i-4j-7k)-(5i+j-4k)=13i+7j+15k$$

所以在 y 轴上的分向量为 $7j$.

例3 已知两点 $A(4,0,5)$ 和 $B(7,1,3)$，求与向量 $\overrightarrow{AB}$ 平行的向量的单位向量 c.

解 所求向量有两个，一个与 $\overrightarrow{AB}$ 同向，一个与 $\overrightarrow{AB}$ 反向.

因为 $\overrightarrow{AB}=\{7-4,1-0,3-5\}=\{3,1,-2\}$，所以 $|\overrightarrow{AB}|=\sqrt{3^2+1^2+(-2)^2}=\sqrt{14}$，故所求向量为 $c=\pm\dfrac{\overrightarrow{AB}}{|\overrightarrow{AB}|}=\pm\dfrac{1}{\sqrt{14}}\{3,1,-2\}$.

例4 设点 A 位于第 I 卦限，向径 $\overrightarrow{OA}$ 与 x 轴，y 轴的夹角依次为 $\dfrac{\pi}{3}$ 和 $\dfrac{\pi}{4}$，且 $|\overrightarrow{OA}|=6$，求点 A 的坐标.

解 $\alpha=\dfrac{\pi}{3}, \beta=\dfrac{\pi}{4}$. 由关系式 $\cos^2\alpha+\cos^2\beta+\cos^2\gamma=1$，得

$$\cos^2\gamma=1-\left(\dfrac{1}{2}\right)^2-\left(\dfrac{\sqrt{2}}{2}\right)^2=\dfrac{1}{4}$$

由 A 在第 I 卦限，知 $\cos\gamma>0$，故 $\cos\gamma=\dfrac{1}{2}$.

于是 $\overrightarrow{OA}=|\overrightarrow{OA}|e_{\overrightarrow{OA}}=6\left\{\dfrac{1}{2},\dfrac{\sqrt{2}}{2},\dfrac{1}{2}\right\}=\{3,3\sqrt{2},3\}$，点 A 的坐标为 $(3,3\sqrt{2},3)$.

例 5　已知 $a = \{1,1,-4\}, b = \{1,-2,2\}$，求 $(1) a \cdot b; (2) a$ 与 b 的夹角 $\theta; (3) a$ 在 b 上的投影.

解　$(1) a \cdot b = 1 \cdot 1 + 1 \cdot (-2) + (-4) \cdot 2 = -9.$

$(2) \cos \theta = \dfrac{a_x b_x + a_y b_y + a_z b_z}{\sqrt{a_x^2 + a_y^2 + a_z^2}\sqrt{b_x^2 + b_y^2 + b_z^2}} = -\dfrac{1}{\sqrt{2}}$，所以 $\theta = \dfrac{3\pi}{4}.$

$(3) a \cdot b = |b| \, \mathrm{Prj}_b a$，所以 $\mathrm{Prj}_b a = \dfrac{a \cdot b}{|b|} = -3.$

例 6　设 $a + 3b$ 与 $7a - 5b$ 垂直，$a - 4b$ 与 $7a - 2b$ 垂直，求 a 与 b 之间的夹角 θ.

解　因 $(a + 3b) \perp (7a - 5b)$，所以 $(a + 3b) \cdot (7a - 5b) = 0$，即

$$7|a|^2 - 15|b|^2 + 16a \cdot b = 0 \tag{1}$$

又 $a - 4b \perp 7a - 2b$，所以 $(a - 4b) \cdot (7a - 2b) = 0$，即

$$7|a|^2 + 8|b|^2 - 30a \cdot b = 0 \tag{2}$$

联立方程 $(1), (2)$ 得

$$|a|^2 = |b|^2 = 2a \cdot b$$

所以

$$\cos\langle \hat{a,b} \rangle = \frac{a \cdot b}{|a||b|} = \frac{1}{2}, \quad \langle \hat{a,b} \rangle = \frac{\pi}{3}$$

例 7　求与 $a = 3i - 2j + 4k, b = i + j - 2k$ 都垂直的单位向量.

解　$c = a \times b = \begin{vmatrix} i & j & k \\ a_x & a_y & a_z \\ b_x & b_y & b_z \end{vmatrix} = \begin{vmatrix} i & j & k \\ 3 & -2 & 4 \\ 1 & 1 & -2 \end{vmatrix} = 10j + 5k$

因为 $|c| = \sqrt{10^2 + 5^2} = 5\sqrt{5}$，所以 $c^0 = \pm \dfrac{c}{|c|} = \pm \left(\dfrac{2}{\sqrt{5}} j + \dfrac{1}{\sqrt{5}} k \right).$

例 8　已知 $a = i, b = j - 2k, c = 2i - 2j + k$，求一单位向量 γ，使 $\gamma \perp c$，且 γ 与 a, b 共面.

解　设所求向量 $\gamma = \{x, y, z\}$. 依题意 $|\gamma| = 1, \gamma \perp c, \gamma$ 与 a, b 共面，可得

$$x^2 + y^2 + z^2 = 1 \tag{1}$$

$$\gamma \cdot c = 0, \text{即 } 2x - 2y + z = 0 \tag{2}$$

$$(a \times b) \cdot \gamma = 0, \text{即 } \begin{vmatrix} x & y & z \\ 1 & 0 & 0 \\ 0 & 1 & -2 \end{vmatrix} = 2y + z = 0 \tag{3}$$

将式 (1)，式 (2) 与式 (3) 联立解得 $x = \dfrac{2}{3}$ 或 $-\dfrac{2}{3}, y = \dfrac{1}{3}$ 或 $-\dfrac{1}{3}, z = -\dfrac{2}{3}$ 或 $\dfrac{2}{3}$，所以 $\gamma = \pm \left\{ \dfrac{2}{3}, \dfrac{1}{3}, -\dfrac{2}{3} \right\}.$

例 9　求过点 $A(2,-1,4), B(-1,3,-2)$ 和 $C(0,2,3)$ 的平面方程.

解　$\overrightarrow{AB} = \{-3,4,-6\}, \overrightarrow{AC} = \{-2,3,-1\}$，取

$$n = \overrightarrow{AB} \times \overrightarrow{AC} = \begin{vmatrix} i & j & k \\ -3 & 4 & -6 \\ -2 & 3 & -1 \end{vmatrix} = 14i + 9j - k$$

所求平面方程为 $14(x-2)+9(y+1)-(z-4)=0$，化简得 $14x+9y-z-15=0$.

例 10 设平面过原点及点 $(6,-3,2)$，且与平面 $4x-y+2z=8$ 垂直，求此平面方程.

解 设平面为 $Ax+By+Cz+D=0$，由平面过原点知 $D=0$，由平面过点 $(6,-3,2)$ 知 $6A-3B+2C=0$.

因为 $\{A,B,C\}\perp\{4,-1,2\}$，所以 $4A-B+2C=0\Rightarrow A=B=-\dfrac{2}{3}C$

所求平面方程为 $2x+2y-3z=0$.

例 11 求平行于平面 $6x+y+6z+5=0$ 而与三个坐标面所围成的四面体体积为一个单位的平面方程.

解 设平面方程为 $\dfrac{x}{a}+\dfrac{y}{b}+\dfrac{z}{c}=1$，因为 $V=1$，所以 $\dfrac{1}{3}\cdot\dfrac{1}{2}abc=1$.

由所求平面与已知平面平行得 $\dfrac{\frac{1}{a}}{6}=\dfrac{\frac{1}{b}}{1}=\dfrac{\frac{1}{c}}{6}$，令 $\dfrac{1}{6a}=\dfrac{1}{b}=\dfrac{1}{6c}=t\Rightarrow a=\dfrac{1}{6t},b=\dfrac{1}{t},c=\dfrac{1}{6t}$.

由 $1=\dfrac{1}{6}\cdot\dfrac{1}{6t}\cdot\dfrac{1}{t}\cdot\dfrac{1}{6t}\Rightarrow t=\dfrac{1}{6}$. 所以 $a=1,b=6,c=1$.

所求平面方程为 $\dfrac{x}{1}+\dfrac{y}{6}+\dfrac{z}{1}=1$，即 $6x+y+6z=6$.

例 12 研究以下各组中两平面的位置关系：
$(1)\pi_1:-x+2y-z+1=0,\pi_2:y+3z-1=0$；
$(2)\pi_1:2x-y+z-1=0,\pi_2:-4x+2y-2z-1=0$.

解 $(1)\boldsymbol{n}_1=\{-1,2,-1\},\boldsymbol{n}_2=\{0,1,3\}$，且
$$\cos\theta=\frac{|-1\times0+2\times1-1\times3|}{\sqrt{(-1)^2+2^2+(-1)^2}\cdot\sqrt{1^2+3^2}}=\frac{1}{\sqrt{60}}$$

故两平面相交，夹角为 $\theta=\arccos\dfrac{1}{\sqrt{60}}$.

$(2)\boldsymbol{n}_1=\{2,-1,1\},\boldsymbol{n}_2=\{-4,2,-2\}$，且 $\dfrac{2}{-4}=\dfrac{-1}{2}=\dfrac{1}{-2}$，又 $M(1,1,0)\in\pi_1,M(1,1,0)\notin\pi_2$，故两平面平行但不重合.

例 13 求平行于平面 $\pi_0:x+2y+3z+4=0$，且与球面 $\Sigma:x^2+y^2+z^2=9$ 相切的平面 π 的方程.

解 可利用条件 $\pi\parallel\pi_0$，写出平面 π 的一般式方程，再利用球心到平面的距离 $d=3$ 来确定一般式方程中的特定系数.

由 $\pi\parallel\pi_0$，可设平面 π 的方程为 $x+2y+3z+D=0$.
因为平面 π 与球面 Σ 相切，故球心 $(0,0,0)$ 到平面 π 的距离为
$$d=\left.\frac{|x+2y+2z+D|}{\sqrt{1+2^2+3^2}}\right|_{(x,y,z)=(0,0,0)}=3$$

得 $|D|=3\sqrt{14}$，故所求平面 π 的方程为
$$x+2y+3z+3\sqrt{14}=0\quad\text{或}\quad x+2y+3z-3\sqrt{14}=0$$

例 14　求过点 $(-3,2,5)$ 且与两个平面 $2x - y - 5z = 1$ 和 $x - 4z = 3$ 的交线平行的直线的方程.

解　先求过点 $(-3,2,5)$ 且与已知平面平行的平面

$$\pi_1:2(x+3) - (y-2) - 5(z-5) = 0, \quad \pi_2:(x+3) - 4(z-5) = 0$$

即

$$\pi_1:2x - y - 5z + 33 = 0, \quad \pi_2:x - 4z + 23 = 0$$

所求直线的一般方程为

$$\begin{cases} 2x - y - 5z + 33 = 0 \\ x - 4z + 23 = 0 \end{cases}$$

例 15　用对称式方程及参数式方程表示直线 $\begin{cases} x + y + z + 1 = 0 \\ 2x - y + 3z + 4 = 0 \end{cases}$.

解　在直线上任取一点 (x_0,y_0,z_0),例如取

$$x_0 = 1 \Rightarrow \begin{cases} y_0 + z_0 + 2 = 0 \\ y_0 - 3z_0 - 6 = 0 \end{cases} \Rightarrow y_0 = 0, z_0 = -2$$

得点坐标 $(1,0,-2)$,因所求直线与两平面的法向量都垂直,可取

$$s = n_1 \times n_2 = \begin{vmatrix} i & j & k \\ 1 & 1 & 1 \\ 2 & -1 & 3 \end{vmatrix} = \{4, -1, -3\}$$

对称式方程为

$$\frac{x-1}{4} = \frac{y-0}{-1} = \frac{z+2}{-3}$$

参数式方程为

$$\begin{cases} x = 1 + 4t \\ y = -t \\ z = -2 - 3t \end{cases}$$

例 16　求过点 $M(2,1,3)$ 且与直线 $\dfrac{x+1}{3} = \dfrac{y-1}{2} = \dfrac{z}{-1}$ 垂直相交的直线方程.

解　先作一过点 M 且与已知直线垂直的平面 π

$$3(x-2) + 2(y-1) - (z-3) = 0$$

再求已知直线与该平面的交点 N,令

$$\frac{x+1}{3} = \frac{y-1}{2} = \frac{z}{-1} = t \Rightarrow \begin{cases} x = 3t - 1 \\ y = 2t + 1 \\ z = -t \end{cases}$$

代入平面方程得 $t = \dfrac{3}{7}$,交点 $N\left(\dfrac{2}{7}, \dfrac{13}{7}, -\dfrac{3}{7}\right)$,取所求直线的方向向量为 $\overrightarrow{MN}$

$$\overrightarrow{MN} = \left\{\frac{2}{7} - 2, \frac{13}{7} - 1, -\frac{3}{7} - 3\right\} = \left\{-\frac{12}{7}, \frac{6}{7}, -\frac{24}{7}\right\}$$

所求直线方程为

$$\frac{x-2}{2} = \frac{y-1}{-1} = \frac{z-3}{4}$$

例 17 设直线 $L:\frac{x-1}{2} = \frac{y}{-1} = \frac{z+1}{2}$，平面 $\pi:x-y+2z=3$，求直线与平面的夹角 φ.

解 $n = \{1, -1, 2\}, s = \{2, -1, 2\}$

$$\sin\varphi = \frac{|Am+Bn+Cp|}{\sqrt{A^2+B^2+C^2}\cdot\sqrt{m^2+n^2+p^2}} = \frac{|1\times2+(-1)\times(-1)+2\times2|}{\sqrt{6}\cdot\sqrt{9}} = \frac{7}{3\sqrt{6}}$$

所以所求夹角为

$$\varphi = \arcsin\frac{7}{3\sqrt{6}}$$

例 18 在一切过直线 $L:\begin{cases} x+y+z+4=0 \\ x+2y+z=0 \end{cases}$ 的平面中找出平面 π，使原点到它的距离最长.

解 设通过直线 L 的平面束方程为 $(x+y+z+4) + \lambda(x+2y+z) = 0$，即

$$(1+\lambda)x + (1+2\lambda)y + (1+\lambda)z + 4 = 0$$

要使 $d^2(\lambda) = \dfrac{16}{(1+\lambda)^2+(1+2\lambda)^2+(1+\lambda)^2}$ 为最大，即使 $(1+\lambda)^2 + (1+2\lambda)^2 +$

$(1+\lambda)^2 = 6\left(\lambda+\dfrac{2}{3}\right)^2 + \dfrac{1}{3}$ 为最小，得 $\lambda = -\dfrac{2}{3}$，故所求平面 π 的方程为

$$x - y + z + 12 = 0$$

易知原点到平面 $x+2y+z=0$ 的距离为 0，故平面 $x+2y+z=0$ 非所求平面.

例 19 求与原点 O 及 $M_0(2,3,4)$ 的距离之比为 $1:2$ 的所有的点组成的曲面方程.

解 设 $M(x,y,z)$ 是曲面上任一点，根据题意有

$$\frac{|\overrightarrow{OM}|}{|\overrightarrow{M_0M}|} = \frac{1}{2}$$

即

$$\frac{\sqrt{x^2+y^2+z^2}}{\sqrt{(x-2)^2+(y-3)^2+(z-4)^2}} = \frac{1}{2}$$

所求方程为

$$\left(x+\frac{2}{3}\right)^2 + (y+1)^2 + \left(z+\frac{4}{3}\right)^2 = \frac{116}{9}$$

例 20 方程组 $\begin{cases} z = \sqrt{a^2-x^2-y^2} \\ \left(x-\dfrac{a}{2}\right)^2 + y^2 = \dfrac{a^2}{4} \end{cases}$ 表示怎样的曲线？

解 $z = \sqrt{a^2-x^2-y^2}$ 表示上半球面，$\left(x-\dfrac{a}{2}\right)^2 + y^2 = \dfrac{a^2}{4}$ 表示圆柱面，球面与柱面的交线如图 1 中曲线 C，

$$C: \begin{cases} z = \sqrt{a^2 - x^2 - y^2} \\ \left(x - \dfrac{a}{2}\right)^2 + y^2 = \dfrac{a^2}{4} \end{cases}$$

例 21 求曲线 $\begin{cases} x^2 + y^2 + z^2 = 1 \\ z = 1/2 \end{cases}$ 在坐标面上的投影方程.

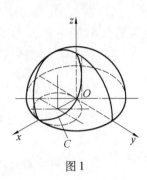

图 1

解 （1）消去变量 z 后得 $x^2 + y^2 = \dfrac{3}{4}$，在 xOy 面上的投影为

$$\begin{cases} x^2 + y^2 = \dfrac{3}{4} \\ z = 0 \end{cases}$$

（2）因为曲线在平面 $z = \dfrac{1}{2}$ 上，所以在 xOz 面上的投影为线段，即

$$\begin{cases} z = 1/2 \\ y = 0 \end{cases}, \quad |x| \leqslant \dfrac{\sqrt{3}}{2}$$

（3）同理在 yOz 面上的投影也为线段，即

$$\begin{cases} z = 1/2 \\ x = 0 \end{cases}, \quad |y| \leqslant \dfrac{\sqrt{3}}{2}$$

8.3 同步题解析

习题 8.1 解答

1. 分别求点 $M(-3,4,5)$ 到原点及三个坐标轴的距离.

解 $d_0 = \sqrt{(-3)^2 + 4^2 + 5^2} = 5\sqrt{2}$, $d_x = \sqrt{4^2 + 5^2} = \sqrt{41}$

$d_y = \sqrt{(-3)^2 + 5^2} = \sqrt{34}$, $d_z = \sqrt{(-3)^2 + 4^2} = 5$

2. 在 x 轴上求一点,使它到点 $(-3,2,-2)$ 的距离为 3.

解 设 x 轴上的点为 $(x,0,0)$,则

$$\sqrt{(x+3)^2 + 2^2 + (-2)^2} = 3$$

从而解得 $x_1 = -2, x_2 = -4$,即 x 轴上所求点为 $(-2,0,0)$ 及 $(-4,0,0)$.

3. 证明以点 $A(4,1,9), B(10,-1,6), C(2,4,3)$ 为顶点的三角形是等腰三角形.

证明 因为 $|\overrightarrow{AB}| = \sqrt{(10-4)^2 + (-1-1)^2 + (6-9)^2} = 7$

$$|\overrightarrow{AC}| = \sqrt{(2-4)^2 + (4-1)^2 + (3-9)^2} = 7$$

所以 $\triangle ABC$ 为等腰三角形.

4. 已知向量 $\overrightarrow{AB} = \{4, -4, 7\}$,它的终点坐标为 $B(2,-1,7)$,求它的起点 A 的坐标.

解 设点 A 的坐标分别为 x, y, z,则

$$x = 2 - 4 = -2, \quad y = -1 + 4 = 3, z = 7 - 7 = 0$$

所以起点 A 为 $(-2,3,0)$

5. 已知点 $M(0, -2,5)$ 和 $N(2,2,0)$，求向量 $\overrightarrow{MN}$ 的模、方向余弦及方向角.

解 $|\overrightarrow{MN}| = \sqrt{(2-0)^2 + (2+2)^2 + (0-5)^2} = 3\sqrt{5}$

$$\cos\alpha = \frac{2\sqrt{5}}{15}, \quad \cos\beta = \frac{4\sqrt{5}}{15}, \quad \cos\gamma = -\frac{5\sqrt{5}}{15} = -\frac{\sqrt{5}}{3}$$

$$\alpha = \arccos\frac{2\sqrt{5}}{15}, \quad \beta = \arccos\frac{4\sqrt{5}}{15}, \quad \gamma = \arccos(-\frac{\sqrt{5}}{3})$$

6. 已知 $\boldsymbol{a} = \{2,2,1\}, \boldsymbol{b} = \{1, -1,4\}$，求 $\boldsymbol{a}+\boldsymbol{b}, \boldsymbol{a}-\boldsymbol{b}, 3\boldsymbol{a}+2\boldsymbol{b}$.

解 $\boldsymbol{a}+\boldsymbol{b} = \{3,1,5\}, \boldsymbol{a}-\boldsymbol{b} = \{1,3, -3\}, 3\boldsymbol{a}+2\boldsymbol{b} = \{8,4,11\}$

7. 已知向量 $\boldsymbol{a}$ 与三个坐标轴的夹角相等,求它的方向余弦.

解 设向量 $\boldsymbol{a}$ 与三个坐标轴的夹角分别为 α, β, γ，由题设知

$$\alpha = \beta = \gamma$$

则 $3\cos^2\alpha = 1, \cos\alpha = \pm\frac{\sqrt{3}}{3}$，所以向量 $\boldsymbol{a}$ 的方向余弦为 $\pm\{\frac{\sqrt{3}}{3}, \frac{\sqrt{3}}{3}, \frac{\sqrt{3}}{3}\}$.

8. 求平行于向量 $\boldsymbol{a} = \{6,7, -6\}$ 的单位向量.

解 因为向量 $\boldsymbol{a}$ 的单位向量为 $\{\frac{6}{11}, \frac{7}{11}, -\frac{6}{11}\}$，所以平行于向量 $\boldsymbol{a}$ 的单位向量为 $\pm\{\frac{6}{11}, \frac{7}{11}, -\frac{6}{11}\}$.

9. 一边长为 a 的正方体放置在 xOy 面上,其底面中心在坐标原点,底面的顶点在 x 轴和 y 轴上,求其各顶点的坐标.

解 $\{\frac{\sqrt{2}a}{2},0,0\}, \{-\frac{\sqrt{2}a}{2},0,0\}, \{\frac{\sqrt{2}a}{2},0,a\}, \{-\frac{\sqrt{2}a}{2},0,a\}, \{0,\frac{\sqrt{2}a}{2},0\},$

$\{0, -\frac{\sqrt{2}a}{2},0\}, \{0,\frac{\sqrt{2}a}{2},a\}, \{0, -\frac{\sqrt{2}a}{2},a\}$.

习题 8.2 解答

1. 设向量 $\boldsymbol{a} = 3\boldsymbol{i} - \boldsymbol{j} - 2\boldsymbol{k}, \boldsymbol{b} = \boldsymbol{i} + 2\boldsymbol{j} - \boldsymbol{k}$，求: $(1)\boldsymbol{a}\cdot\boldsymbol{b}; (2)\boldsymbol{b}\cdot\boldsymbol{b}$.

解 $\boldsymbol{a}\cdot\boldsymbol{b} = 3\times 1 - 1\times 2 - 2\times(-1) = 3; \boldsymbol{b}\cdot\boldsymbol{b} = |\boldsymbol{b}|^2 = 1 + 2^2 + (-1)^2 = 6$

2. 证明向量 $2\boldsymbol{i} - \boldsymbol{j} + \boldsymbol{k}$ 与向量 $3\boldsymbol{i} + 2\boldsymbol{j} - 4\boldsymbol{k}$ 垂直.

证明 两个非零向量 $\boldsymbol{a}$ 与 $\boldsymbol{b}$ 垂直的充分必要条件是 $\boldsymbol{a}\cdot\boldsymbol{b} = 0$，记

$$\boldsymbol{a} = \{2, -1,1\}, \quad \boldsymbol{b} = \{3,2, -4\}$$

因为 $\boldsymbol{a}\cdot\boldsymbol{b} = 2\times 3 + (-1)\times 2 + 1\times(-4) = 0$，所以 $\boldsymbol{a}$ 与 $\boldsymbol{b}$ 垂直.

3. 求向量 $\boldsymbol{a} = \{1,1,4\}$ 和 $\boldsymbol{b} = \{1,1, -1\}$ 的夹角.

解 记向量 $\boldsymbol{a}$ 与 $\boldsymbol{b}$ 的夹角为 θ，则

$$\cos\theta = \frac{\boldsymbol{a}\cdot\boldsymbol{b}}{|\boldsymbol{a}|\cdot|\boldsymbol{b}|} = \frac{1\times 1 + 1\times 1 + 4\times(-1)}{\sqrt{1^2 + 1^2 + 4^2}\cdot\sqrt{1^2 + 1^2 + (-1)^2}} = -\frac{\sqrt{6}}{9}$$

所以 $\theta = \arccos(-\dfrac{\sqrt{6}}{9})$.

4. 已知点 P 的向径 $\overrightarrow{OP}$ 为单位向量,且与 z 轴的夹角为 $\dfrac{\pi}{6}$,另外两个方向角相等,求点 P 的坐标.

解　设向径 $\overrightarrow{OP}$ 与 x 轴、y 轴、z 轴的夹角分别为 α,β,γ,由题设知 $\alpha = \beta,\gamma = \dfrac{\pi}{6}$,又

$\cos^2\alpha + \cos^2\beta + \cos^2\gamma = 1$,所以 $2\cos^2\alpha = \dfrac{1}{4}$,即 $\cos\alpha = \pm\sqrt{\dfrac{1}{8}}$,故

$$\overrightarrow{OP} = \{\dfrac{\sqrt{2}}{4},\dfrac{\sqrt{2}}{4},\dfrac{\sqrt{3}}{2}\} \quad 或 \quad \overrightarrow{OP} = \{-\dfrac{\sqrt{2}}{4},-\dfrac{\sqrt{2}}{4},\dfrac{\sqrt{3}}{2}\}$$

因为 $\overrightarrow{OP}$ 是向径,所以点 P 的坐标为

$$(\dfrac{\sqrt{2}}{4},\dfrac{\sqrt{2}}{4},\dfrac{\sqrt{3}}{2}) \quad 或 \quad (-\dfrac{\sqrt{2}}{4},-\dfrac{\sqrt{2}}{4},\dfrac{\sqrt{3}}{2})$$

5. 已知向量 $\boldsymbol{a} = \{2,0,-1\}$ 和 $\boldsymbol{b} = \{3,1,4\}$,求:$(1)\boldsymbol{a}\cdot\boldsymbol{b}$;$(2)\boldsymbol{a}\cdot\boldsymbol{a}$;$(3)(3\boldsymbol{a}-2\boldsymbol{b})\cdot(\boldsymbol{a}+5\boldsymbol{b})$.

解　$(1)\boldsymbol{a}\cdot\boldsymbol{b} = 2\times3 + 0\times1 + (-1)\times4 = 2$;

$(2)\boldsymbol{a}\cdot\boldsymbol{a} = |\boldsymbol{a}|^2 = 4 + 1 = 5$;

(3) 因为 $3\boldsymbol{a}-2\boldsymbol{b} = \{0,-2,-11\}$,$\boldsymbol{a}+5\boldsymbol{b} = \{17,5,19\}$,所以

$$(3\boldsymbol{a}-2\boldsymbol{b})\cdot(\boldsymbol{a}+5\boldsymbol{b}) = 0\times17 + (-2)\times5 + (-11)\times19 = -219$$

6. 已知向量 $\boldsymbol{a} = \{1,5,m\}$ 和 $\boldsymbol{b} = \{2,n,-6\}$ 平行,试求 m,n 的值.

解　由题设知 $\dfrac{1}{2} = \dfrac{5}{n} = \dfrac{m}{-6}$,所以 $n = 10,m = -3$.

7. 设 $\boldsymbol{a} = \{3,2,-1\},\boldsymbol{b} = \{1,-1,2\}$,求:

$(1)\boldsymbol{a}\times\boldsymbol{b}$;　　　$(2)2\boldsymbol{a}\times7\boldsymbol{b}$;　　　$(3)\boldsymbol{a}\times\boldsymbol{i}$.

解　$(1)\boldsymbol{a}\times\boldsymbol{b} = \begin{vmatrix} \boldsymbol{i} & \boldsymbol{j} & \boldsymbol{k} \\ 3 & 2 & -1 \\ 1 & -1 & 2 \end{vmatrix} = 3\boldsymbol{i} - 7\boldsymbol{j} - 5\boldsymbol{k}$;

(2) 因为 $2\boldsymbol{a} = \{6,4,-2\},7\boldsymbol{b} = \{7,-7,14\}$,所以

$$2\boldsymbol{a}\times7\boldsymbol{b} = \begin{vmatrix} \boldsymbol{i} & \boldsymbol{j} & \boldsymbol{k} \\ 6 & 4 & -2 \\ 7 & -7 & 14 \end{vmatrix} = 42\boldsymbol{i} - 98\boldsymbol{j} - 70\boldsymbol{k}$$

$(3)\boldsymbol{a}\times\boldsymbol{i} = \begin{vmatrix} \boldsymbol{i} & \boldsymbol{j} & \boldsymbol{k} \\ 3 & 2 & -1 \\ 1 & 0 & 0 \end{vmatrix} = -\boldsymbol{j} - 2\boldsymbol{k}$.

8. 设 $\boldsymbol{a} = \{2,-3,1\},\boldsymbol{b} = \{1,-1,3\},\boldsymbol{c} = \{1,-2,0\}$,计算下列各式:

$(1)(\boldsymbol{a}\cdot\boldsymbol{b})\boldsymbol{c} - (\boldsymbol{a}\cdot\boldsymbol{c})\boldsymbol{b}$;　　　$(2)(\boldsymbol{a}+\boldsymbol{b})\times(\boldsymbol{b}+\boldsymbol{c})$;

$(3)(\boldsymbol{a}\times\boldsymbol{b})\cdot\boldsymbol{c}$;　　　$(4)(\boldsymbol{a}\times\boldsymbol{b})\times\boldsymbol{c}$.

解 (1) 因为 $a \cdot b = 2 \times 1 + (-3) \times (-1) + 1 \times 3 = 8, a \cdot c = 2 \times 1 + (-3) \times (-2) + 1 \times 0 = 8$,所以
$$(a \cdot b)c - (a \cdot c)b = \{0, -8, -24\}$$

(2) 因为 $a + b = \{3, -4, 4\}, b + c = \{2, -3, 3\}$,所以
$$(a+b) \times (b+c) = \begin{vmatrix} i & j & k \\ 3 & -4 & 4 \\ 2 & -3 & 3 \end{vmatrix} = -i - k$$

(3) 因为 $a \times b = \begin{vmatrix} i & j & k \\ 2 & -3 & 1 \\ 1 & -1 & 3 \end{vmatrix} = -8i - 5j + k$,所以
$$(a \times b) \cdot c = (-8) \times 1 + (-5) \times (-2) + 1 \times 0 = 2$$

(4) 因为 $a \times b = \begin{vmatrix} i & j & k \\ 2 & -3 & 1 \\ 1 & -1 & 3 \end{vmatrix} = -8i - 5j + k$,所以
$$(a \times b) \times c = \begin{vmatrix} i & j & k \\ -8 & -5 & 1 \\ 1 & -2 & 0 \end{vmatrix} = 2i + j + 21k$$

9. 设 $a = \{3, -1, -2\}, b = \{1, 2, -1\}$,求:

(1) $\mathrm{Prj}_a b$;   (2) $\mathrm{Prj}_b a$;   (3) $\cos\langle a, b\rangle$.

解 (1) $\mathrm{Prj}_a b = \dfrac{a \cdot b}{|a|} = \dfrac{3 - 2 + 2}{\sqrt{9+1+4}} = \dfrac{3}{\sqrt{14}}$;

(2) $\mathrm{Prj}_b a = \dfrac{a \cdot b}{|b|} = \dfrac{3 - 2 + 2}{\sqrt{1+4+1}} = \dfrac{3}{\sqrt{6}}$;

(3) $\cos\langle \overset{\wedge}{a, b}\rangle = \dfrac{a \cdot b}{|a||b|} = \dfrac{3}{\sqrt{6} \times \sqrt{14}} = \dfrac{\sqrt{21}}{14}$.

10. 已知 $A(1, -1, 2), B(5, -6, 2), C(1, 3, -1)$,求:

(1) 同时与 $\overrightarrow{AB}$ 及 $\overrightarrow{AC}$ 垂直的单位向量;

(2) $\triangle ABC$ 的面积.

解 (1) 因为 $\overrightarrow{AB} = \{4, -5, 0\}, \overrightarrow{AC} = \{0, 4, -3\}$,所以
$$\overrightarrow{AB} \times \overrightarrow{AC} = \begin{vmatrix} i & j & k \\ 4 & -5 & 0 \\ 0 & 4 & -3 \end{vmatrix} = 15i + 12j + 16k$$

所以同时与 $\overrightarrow{AB}$ 及 $\overrightarrow{AC}$ 垂直的单位向量为 $\pm\dfrac{1}{25}\{15, 12, 16\}$;

(2) $S_{\triangle ABC} = \dfrac{1}{2}|\overrightarrow{AB} \times \overrightarrow{AC}| = \dfrac{25}{2}$.

11. 已知向量 $a = \{a_x, a_y, a_z\}, b = \{b_x, b_y, b_z\}, c = \{c_x, c_y, c_z\}$,利用混合积的定义证明:
$(a \times b) \cdot c = (b \times c) \cdot a = (c \times a) \cdot b$.

证明

$$(a \times b) \cdot c = \begin{vmatrix} a_x & a_y & a_z \\ b_x & b_y & b_z \\ c_x & c_y & c_z \end{vmatrix} = a_x b_y c_z + a_y b_z c_x + a_z b_x c_y - a_z b_y c_x - a_y b_x c_z - a_x b_z c_y$$

$$(b \times c) \cdot a = \begin{vmatrix} b_x & b_y & b_z \\ c_x & c_y & c_z \\ a_x & a_y & a_z \end{vmatrix} = b_x c_y a_z + b_y c_z a_x + b_z c_x a_y - b_z c_y a_x - b_y c_x a_z - b_x c_z a_y$$

从而有 $(a \times b) \cdot c = (b \times c) \cdot a$,同理可证 $(b \times c) \cdot a = (c \times a) \cdot b$,从而有 $(a \times b) \cdot c = (b \times c) \cdot a = (c \times a) \cdot b$.

习题 8.3 解答

1. 求下列平面方程:

(1) 经过点 $(-1,2,1)$,法向量为 $n = \{1, -1, 2\}$;

(2) 经过三个点 $P_1(2,3,0)$,$P_2(-2, -3, 4)$,$P_3(0,6,0)$.

解   (1) $1 \times (x + 1) + (-1) \times (y - 2) + 2 \times (z - 1) = 0$,即 $x - y + 2z + 1 = 0$;

(2) 因为 $\overrightarrow{P_1 P_2} = \{-2, 3, 0\}$,$\overrightarrow{P_2 P_3} = \{2, 9, -4\}$

$$\overrightarrow{P_1 P_2} \times \overrightarrow{P_2 P_3} = \begin{vmatrix} i & j & k \\ -2 & 3 & 0 \\ 2 & 9 & -4 \end{vmatrix} = -4\{3, 2, 6\}$$

故所求平面的法向量 $n = \{3, 2, 6\}$,从而所求平面方程为

$$3x + 2y + 6z = 12$$

2. 指出下列各平面的特殊位置(对坐标轴、坐标面的垂直或平行,是否经过原点).

(1) $x = 0$;   (2) $3y - 1 = 0$;   (3) $2x - y - 6 = 0$;

(4) $x - \sqrt{3} y = 0$;   (5) $y + z = 1$;   (6) $6x + 5y - z = 0$.

解   (1) yOz 平面;(2) 平行于 xOz 面的平面;(3) 平行于 z 轴的平面;(4) 通过 z 轴的平面;(5) 平行于 x 轴的平面;(6) 通过原点的平面.

3. 求平面 $2x - 2y + z + 5 = 0$ 的法向量的方向余弦.

解   因为平面 $2x - 2y + z + 5 = 0$ 的法向量为 $n = \{2, -2, 1\}$,所以其方向余弦为

$$\cos \alpha = \frac{2}{3}, \quad \cos \beta = -\frac{2}{3}, \quad \cos \gamma = \frac{1}{3}$$

4. 给定平面 $\pi_0 : 2x - 8y + z - 2 = 0$ 及点 $P(3, 0, -5)$,求平面 π 的方程,使得平面 π 经过点 P 且与平面 π_0 平行.

解   因为所求平面 π 的法向量为 $n = \{2, -8, 1\}$,所以平面 π 的方程为

$$2x - 8y + z = 1$$

5. 设平面 π 经过两点 $P_1(1, 1, 1)$ 和 $P_2(2, 2, 2)$,且与平面 $\pi_0 : x + y - z = 0$ 垂直,求平面 π 的方程.

解   因为平面 π 的法向量为

$$n = \begin{vmatrix} i & j & k \\ 1 & 1 & -1 \\ 1 & 1 & 1 \end{vmatrix} = 2i - 2j$$

所以平面 π 的方程为 $x - y = 0$.

6. 设平面 π 经过点 $P(1,1,-1)$,且垂直于两个平面 $\pi_1 : x - y + z - 1 = 0$ 和 $\pi_2 : 2x + y + z + 1 = 0$,求平面 π 的方程.

解 因为平面 π 的法向量为

$$n = \begin{vmatrix} i & j & k \\ 1 & -1 & 1 \\ 2 & 1 & 1 \end{vmatrix} = -2i + j + 3k$$

所以平面 π 的方程为 $2x - y - 3z = 4$.

7. 写出平面 $3x - 2y - 4z + 12 = 0$ 的截距式方程,并求该平面在各个坐标轴上的截距.

解 截距式方程为

$$\frac{x}{-4} + \frac{y}{6} + \frac{z}{3} = 1$$

因此在 x 轴、y 轴、z 轴的截距分别为 $-4,6,3$.

8. 求平面 $x - y + 2z - 6 = 0$ 和平面 $2x + y + z - 5 = 0$ 之间的夹角.

解 由两平面的夹角公式有

$$\cos \theta = \frac{|1 \times 2 + (-1) \times 1 + 2 \times 1|}{\sqrt{1^2 + (-1)^2 + 2^2} \sqrt{2^2 + 1^2 + 1^2}} = \frac{1}{2}$$

因此,所求夹角 $\theta = \dfrac{\pi}{3}$.

9. 求点 $A(1,-1,1)$ 到平面 $x + 2y + 2z = 10$ 的距离.

解 由点到平面的距离公式有

$$d = \frac{|1 \times 1 + (-1) \times 2 + 1 \times 2 - 10|}{\sqrt{1^2 + 2^2 + 2^2}} = 3$$

10. 写出下列直线方程:

(1) 过点 $A(1,-2,3)$ 和 $B(3,2,1)$;

(2) 过点 $(4,-1,3)$ 且平行于直线 $\dfrac{x-3}{2} = \dfrac{y}{1} = \dfrac{z-1}{5}$;

(3) 过点 $P(2,-8,3)$ 且垂直于平面 $\pi : x + 2y - 3z - 2 = 0$.

解 (1) 因为所求直线的方向向量 $T = \{2,4,-2\}$,所求直线方程为

$$\frac{x-1}{2} = \frac{y+2}{4} = \frac{z-3}{-2}$$

(2) 因为所求直线的方向向量 $T = \{2,1,5\}$,故所求直线方程为

$$\frac{x-4}{2} = \frac{y+1}{1} = \frac{z-3}{5}$$

(3) 因为所求直线的方向向量 $T = \{1,2,-3\}$,故所求直线方程为

$$\frac{x-2}{1}=\frac{y+8}{2}=\frac{z-3}{-3}$$

11. 改变下列直线方程的形式：

（1）将 $\frac{x-2}{1}=\frac{y-3}{1}=\frac{z-4}{2}$ 变为参数式和一般式方程；

（2）将 $\begin{cases}x=2-2t\\y=3-4t\\z=1+2t\end{cases}$ 变为对称式和一般式方程；

（3）将 $\begin{cases}3x+2y+z-2=0\\x+2y+3z+2=0\end{cases}$ 变为对称式和参数式方程.

解　（1）参数式方程为

$$\begin{cases}x=2+t\\y=3+t\\z=4+2t\end{cases}$$

一般式方程为

$$\begin{cases}x-y+1=0\\2x-z=0\end{cases}$$

（2）对称式方程为

$$\frac{x-2}{-2}=\frac{y-3}{-4}=\frac{z-1}{2}$$

一般式方程为

$$\begin{cases}x+z-3=0\\2x-y-1=0\end{cases}$$

（3）先找出直线上的一点 (x_0,y_0,z_0)，例如，可以取 $z_0=1$，代入方程组

$$\begin{cases}3x+2y+z-2=0\\x+2y+3z+2=0\end{cases}$$

得 $x_0=3,y_0=-4$，即 $(3,-4,1)$ 是直线上一点. 下面再找出这条直线的方向向量 T，由于两平面的交线与这两平面的法向量 $n_1=\{3,2,1\},n_2=\{1,2,3\}$ 都垂直，所以可取

$$T=n_1\times n_2=\begin{vmatrix}i&j&k\\3&2&1\\1&2&3\end{vmatrix}=4i-8j+4k$$

因此，所给直线的对称式方程为

$$\frac{x-3}{1}=\frac{y+4}{-2}=\frac{z-1}{1}$$

令 $\frac{x-3}{1}=\frac{y+4}{-2}=\frac{z-1}{1}=t$，得直线的参数式方程为

$$\begin{cases}x=3+t\\y=-4-2t\\z=1+t\end{cases}$$

12. 求直线 $L_1:\begin{cases}5x - 3y + 3z - 9 = 0 \\ 3x - 2y + z - 1 = 0\end{cases}$ 与直线 $L_2:\begin{cases}2x + 2y - z + 23 = 0 \\ 3x + 8y + z - 18 = 0\end{cases}$ 的夹角.

解　因为直线 L_1 的方向向量为

$$T_1 = \begin{vmatrix} i & j & k \\ 5 & -3 & 3 \\ 3 & -2 & 1 \end{vmatrix} = 3i + 4j - k$$

直线 L_2 的方向向量为

$$T_2 = \begin{vmatrix} i & j & k \\ 2 & 2 & -1 \\ 3 & 8 & 1 \end{vmatrix} = 10i - 5j + 10k$$

由两直线夹角公式可得

$$\cos \theta = \frac{|3 \times 2 + 4 \times (-1) + (-1) \times 2|}{\sqrt{3^2 + 4^2 + (-1)^2}\sqrt{2^2 + (-1)^2 + 2^2}} = 0$$

所以 $\theta = \dfrac{\pi}{2}$.

13. 求直线 $\begin{cases}x + y + 3z = 0 \\ x - y - z = 0\end{cases}$ 与平面 $x - y - z + 1 = 0$ 的夹角 φ.

解　因为直线的方向向量为

$$T = \begin{vmatrix} i & j & k \\ 1 & 1 & 3 \\ 1 & -1 & -1 \end{vmatrix} = 2i + 4j - 2k$$

由直线与平面的夹角公式可得

$$\sin \varphi = \frac{|1 \times 1 + (-1) \times 2 + (-1) \times (-1)|}{\sqrt{1^2 + 2^2 + (-1)^2} \cdot \sqrt{1^2 + (-1)^2 + (-1)^2}} = 0$$

所以 $\varphi = 0$.

14. 求直线 $\dfrac{x - 2}{1} = \dfrac{y - 3}{1} = \dfrac{z - 4}{2}$ 与平面 $2x + y + z - 6 = 0$ 的交点.

解　所给直线的参数方程为

$$x = 2 + t, \quad y = 3 + t, \quad z = 4 + 2t$$

代入平面的方程中,得

$$2(2 + t) + (3 + t) + (4 + 2t) - 6 = 0$$

解上列方程,得 $t = -1$.

把求得的 t 值代入直线的参数方程中,即得所求交点的坐标为

$$x = 1, \quad y = 2, \quad z = 2$$

15. 求直线 $\begin{cases}2x - 4y + z = 0 \\ 3x - y - 2z - 9 = 0\end{cases}$ 在平面 $4x - y + z = 1$ 上的投影直线的方程.

解　过直线 $\begin{cases}2x - 4y + z = 0 \\ 3x - y - 2z - 9 = 0\end{cases}$ 的平面束的方程为

$$2x - 4y + z + \lambda(3x - y - 2z - 9) = 0$$

即 $(2 + 3\lambda)x - (4 + \lambda)y + (1 - 2\lambda)z - 9\lambda = 0$，其中 λ 为待定系数.

这平面与平面 $4x - y + z = 1$ 垂直的条件是

$$(2 + 3\lambda) \cdot 4 - (4 + \lambda) \cdot (-1) + (1 - 2\lambda) \cdot 1 = 0$$

即

$$\lambda = -\frac{13}{11}$$

于是得投影平面方程为

$$17x + 31y - 37z - 117 = 0$$

所以投影直线的方程为

$$\begin{cases} 17x + 31y - 37z - 117 = 0 \\ 4x - y + z - 1 = 0 \end{cases}$$

习题 8.4 解答

1. 求与点 $(3, 2, -1)$ 和 $(4, -3, 0)$ 等距离的点的轨迹方程.

解　与点 $(3, 2, -1)$ 和 $(4, -3, 0)$ 等距离的点的几何轨迹是平面，设 (x, y, z) 为所求平面上的任一点，由题意知

$$\sqrt{(x - 3)^2 + (y - 2)^2 + (z + 1)^2} = \sqrt{(x - 4)^2 + (y + 3)^2 + z^2}$$

等式两边平方，然后化简便得

$$2x - 10y + 2z - 11 = 0$$

2. 写出球心在点 $(-1, -3, 2)$ 且通过 $(1, -1, 1)$ 的球面方程.

解　由题设知，球的半径为

$$R = \sqrt{(1 + 1)^2 + (-1 + 3)^2 + (1 - 2)^2} = 3$$

所求球面方程为

$$(x + 1)^2 + (y + 3)^2 + (z - 2)^2 = 9$$

3. 写出下列球面的半径和球心：

(1) $x^2 + y^2 + z^2 - 6z - 7 = 0$；

(2) $x^2 + y^2 + z^2 - 12x + 4y - 6z = 0$.

解　只需将题目中的方程化为球面的标准方程即可.

(1) 由于球面的标准方程为：$x^2 + y^2 + (z - 3)^2 = 16$，所以球心在 $(0, 0, 3)$ 处，半径为 4；

(2) 由于球面的标准方程为：$(x - 6)^2 + (y + 2)^2 + (z - 3)^2 = 49$，所以球心在 $(6, -2, 3)$ 处，半径为 7.

4. 写出下列旋转面的方程，并画出它们的图形：

(1) yOz 平面上的曲线 $z = y^2$ 绕 z 轴旋转所得的旋转面；

(2) xOy 平面上的曲线 $4x^2 - 9y^2 = 36$ 分别绕 x 轴和 y 轴旋转所得的旋转面.

解　(1) 由题设知，此时 z 保持不变，而将 y 换为 $\pm\sqrt{x^2 + y^2}$，得 $z = x^2 + y^2$（见图 8.2）；

(2) 绕 x 轴时 x 保持不变，将 y 换为 $\pm\sqrt{y^2 + z^2}$，得所求旋转面方程为

$$4x^2 - 9y^2 - 9z^2 = 36 \text{（见图 8.3）}$$

而绕 y 轴时 y 保持不变，将 x 换为 $\pm\sqrt{x^2+z^2}$，得所求旋转面方程为
$$4x^2-9y^2+4z^2=36(见图8.4)$$

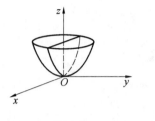

图 8.2

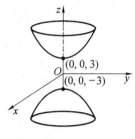

图 8.3

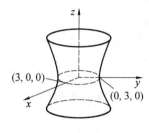

图 8.4

5. 指出下列曲面是怎样旋转而生成的：

（1）$\dfrac{x^2}{4}+\dfrac{y^2}{9}+\dfrac{z^2}{9}=1$；

（2）$x^2-\dfrac{y^2}{4}+z^2=1$；

（3）$x^2-y^2-z^2=1$；

（4）$(z-a)^2=x^2+y^2$.

解 （1）将方程改写为 $\dfrac{x^2}{4}+\dfrac{1}{9}(y^2+z^2)=1$，它是 xOy 平面上的椭圆 $\dfrac{x^2}{4}+\dfrac{y^2}{9}=1$ 绕 x 轴旋转一周；

（2）将方程改写为 $x^2-\dfrac{y^2}{4}+z^2=1$，它是 xOy 平面上双曲线 $x^2-\dfrac{y^2}{4}=1$ 绕 y 轴旋转一周；

（3）将方程改写为 $x^2-(y^2+z^2)=1$，它是 xOy 平面上双曲线 $x^2-y^2=1$ 绕 x 轴旋转一周；

（4）将方程改写为 $z-a=\pm\sqrt{x^2+y^2}$，它是 yOz 平面上的直线 $z=y+a$ 绕 z 轴旋转一周.

6. 指出下列方程组在平面解析几何与空间解析几何中分别表示什么图形：

（1）$\begin{cases} y=5x+1 \\ y=2x-3 \end{cases}$；

（2）$\begin{cases} \dfrac{x^2}{4}+\dfrac{y^2}{9}=1 \\ y=3 \end{cases}$.

解 （1）因为在平面解析几何中 $y=5x+1$ 与 $y=2x-3$ 表示两条直线，所以在平面解析几何中 $\begin{cases} y=5x+1 \\ y=2x-3 \end{cases}$ 表示平面上的一点.

在空间解析几何中 $y=5x+1$ 与 $y=2x-3$ 表示两个平面，所以在空间解析几何中 $\begin{cases} y=5x+1 \\ y=2x-3 \end{cases}$ 表示直线.

（2）因为在平面解析几何中 $\dfrac{x^2}{4}+\dfrac{y^2}{9}=1$ 表示椭圆，$y=3$ 表示平行于 x 轴的一条直线，所以在平面解析几何中 $\begin{cases} \dfrac{x^2}{4}+\dfrac{y^2}{9}=1 \\ y=3 \end{cases}$ 表示两个点.

在空间解析几何中 $\dfrac{x^2}{4} + \dfrac{y^2}{9} = 1$ 表示母线平行于 z 轴的椭圆柱面，$y = 3$ 表示平行于 xOz 面的

平面，所以在空间解析几何中 $\begin{cases} \dfrac{x^2}{4} + \dfrac{y^2}{9} = 1 \\ y = 3 \end{cases}$ 表示空间曲线.

7. 分别求母线平行于 x 轴及 y 轴而且通过曲线 $\begin{cases} 2x^2 + y^2 + z^2 = 16 \\ x^2 - y^2 + z^2 = 0 \end{cases}$ 的柱面方程.

解　对于方程组 $\begin{cases} 2x^2 + y^2 + z^2 = 16 \\ x^2 - y^2 + z^2 = 0 \end{cases}$ 作同解变形得方程 $3y^2 - z^2 = 16$ 及 $3x^2 + 2z^2 = 16$，

方程 $3y^2 - z^2 = 16$ 表示母线平行于 x 轴且通过曲线 $\begin{cases} 2x^2 + y^2 + z^2 = 16 \\ x^2 - y^2 + z^2 = 0 \end{cases}$ 的柱面方程.

方程 $3x^2 + 2z^2 = 16$ 表示母线平行于 y 轴且通过曲线 $\begin{cases} 2x^2 + y^2 + z^2 = 16 \\ x^2 - y^2 + z^2 = 0 \end{cases}$ 的柱面方程.

8. 将下列曲线的一般式方程化为参数式方程：

(1) $\begin{cases} x^2 + y^2 + z^2 = 9 \\ y = x \end{cases}$;　　　　　　(2) $\begin{cases} (x - 1)^2 + y^2 + (z - 1)^2 = 4 \\ z = 0 \end{cases}$.

解　(1) 这是球面 $x^2 + y^2 + z^2 = 9$ 与平面 $y = x$ 的交线，它是空间中平面 $y = x$ 上的一个圆周，而椭圆 $2x^2 + z^2 = 9$ 的参数式方程为

$$\begin{cases} x = \dfrac{3}{\sqrt{2}}\cos t \\ z = 3\sin t \end{cases} \quad (0 \leqslant t \leqslant 2\pi)$$

于是可得到曲线的参数式方程为

$$\begin{cases} x = \dfrac{3}{\sqrt{2}}\cos t \\ y = \dfrac{3}{\sqrt{2}}\cos t \quad (0 \leqslant t \leqslant 2\pi) \\ z = 3\sin t \end{cases}$$

(2) 这是球面 $(x - 1)^2 + y^2 + (z - 1)^2 = 4$ 与 xOy 面的交线，它是 xOy 平面上的一个圆周，而圆 $(x - 1)^2 + y^2 = 3$ 的参数式方程为

$$\begin{cases} x = 1 + \sqrt{3}\cos\theta \\ y = \sqrt{3}\sin t \end{cases} \quad (0 \leqslant \theta \leqslant 2\pi)$$

于是可得到曲线的参数式方程为

$$\begin{cases} x = 1 + \sqrt{3}\cos\theta \\ y = \sqrt{3}\sin\theta \quad (0 \leqslant \theta \leqslant 2\pi) \\ z = 0 \end{cases}$$

9. 求下列曲线在指定坐标面的投影曲线方程：

(1) $\begin{cases} x^2 + y^2 - z = 0 \\ z = x + 1 \end{cases}$ 在 xOy 坐标面；

(2) $\begin{cases} 2x^2 + y^2 + z^2 = 16 \\ x^2 - y^2 + z^2 = 0 \end{cases}$ 在 yOz, zOx 坐标面.

解 （1）联立方程消去 z，得投影柱面 $x^2 + y^2 - x = 1$，故曲线在 xOy 面的投影曲线为

$$\begin{cases} (x - \frac{1}{2})^2 + y^2 = \frac{5}{4} \\ z = 0 \end{cases}$$

（2）联立方程消去 x，得投影柱面 $3y^2 - z^2 = 16$，故曲线在 yOz 面的投影曲线为

$$\begin{cases} 3y^2 - z^2 = 16 \\ x = 0 \end{cases}$$

联立方程消去 y，得投影柱面 $3x^2 + 2z^2 = 16$，故曲线在 yOz 面的投影曲线为

$$\begin{cases} 3x^2 + 2z^2 = 16 \\ x = 0 \end{cases}$$

8.4 验收测试题

1.填空题

（1）已知向量 $\boldsymbol{a} = \{-2, 6, -3\}$，则 $|\boldsymbol{a}| = $ _____，方向余弦 $\cos\alpha = $ _____，$\cos\beta = $ _____，$\cos\gamma = $ _____，与向量 $\boldsymbol{a}$ 方向相同的单位向量 $\boldsymbol{a}^0 = $ _____；

（2）已知向量 $\boldsymbol{a} = \{2, -1, 4\}$，$\boldsymbol{b} = \{1, k, l\}$ 平行，则 $k = $ _____，$l = $ _____；

（3）已知 $|\boldsymbol{a}| = 1$，$|\boldsymbol{b}| = \sqrt{2}$，$\boldsymbol{a}, \boldsymbol{b}$ 的夹角 $\theta = \frac{\pi}{4}$，则 $\boldsymbol{a} \cdot \boldsymbol{b} = $ _____，$\text{prj}_{\boldsymbol{a}}\boldsymbol{b} = $ _____；

（4）已知向量 $\boldsymbol{a} = \{1, -2, 2\}$，$\boldsymbol{b} = \{3, 1, -4\}$，则 $\boldsymbol{a} \cdot (2\boldsymbol{a} + \boldsymbol{b}) = $ _____；

（5）过点 $A(2, 3, 7)$ 且与平面 $3x - 3y - 5z = 7$ 平行的平面方程为_____；

（6）过点 $(1, 2, 1)$ 与 $(2, 1, 3)$ 的直线方程为_____；

（7）设平面 $Ax + By + z + D = 0$ 通过原点，且与平面 $6x - 2z + 5 = 0$ 平行，则 $A = $ _____，$B = $ _____，$D = $ _____；

（8）设直线 $\dfrac{x-1}{m} = \dfrac{y+2}{2} = \dfrac{z-1}{\lambda}$ 与平面 $-3x + 6y + 3z + 25 = 0$ 垂直，则 $m = $ _____，$\lambda = $ _____；

（9）与点 $(3, 2, -1)$ 和 $(4, -3, 0)$ 等距离的点的轨迹方程为_____；

（10）曲面 $z^2 = x^2 + y^2$ 与平面 $z = 5$ 的交线在 xOy 面上的投影曲线为_____.

2.选择题

（1）下列各组角中，可以作为向量的方向角的是_____；

A. $\dfrac{\pi}{3}, \dfrac{\pi}{4}, \dfrac{2\pi}{3}$ 　　B. $-\dfrac{\pi}{3}, \dfrac{\pi}{4}, \dfrac{\pi}{3}$ 　　C. $\dfrac{\pi}{6}, \pi, \dfrac{\pi}{6}$ 　　D. $\dfrac{2\pi}{3}, \dfrac{\pi}{3}, \dfrac{\pi}{3}$

（2）向量 $\boldsymbol{a} = \{a_x, a_y, a_z\}$ 与 x 轴垂直，则_____；

A. $a_x = 0$ 　　B. $a_y = 0$ 　　C. $a_z = 0$ 　　D. $a_y = a_x = 0$

（3）设 $\boldsymbol{a} = \{1, 1, -1\}$，$\boldsymbol{b} = \{-1, -1, 1\}$，则有_____；

A. $a \parallel b$　　　　B. $a \perp b$　　　　C. $\langle \overset{\wedge}{a,b} \rangle = \dfrac{\pi}{3}$　　D. $\langle \overset{\wedge}{a,b} \rangle = \dfrac{2\pi}{3}$

(4) 设 $a \times b = a \times c, a,b,c$ 均为非零向量,则_____;

A. $b = c$　　　　B. $a \parallel (b - c)$　　C. $a \perp (b - c)$　　D. $|b| = |c|$

(5) 点 $A(1,1,1)$ 到平面 $2x + y + 2z + 5 = 0$ 的距离为_____;

A. 3　　　　　　　B. 10　　　　　　C. $\dfrac{10}{3}$　　　　　D. $\dfrac{3}{10}$

(6) 通过点 $A(-5,2,-1)$ 且平行于 yOz 平面的平面方程为_____;

A. $x + 5 = 0$　　　B. $y - 2 = 0$　　　C. $z + 1 = 0$　　　D. $x - 1 = 0$

(7) 直线 $\dfrac{x-3}{1} = \dfrac{y}{-1} = \dfrac{z+2}{2}$ 与平面 $x - y - z + 1 = 0$ 的关系是_____;

A. 垂直　　　　　B. 相交但不垂直　　C. 直线在平面上　D. 平行

(8) 直线 $\begin{cases} x + 2y = 1 \\ 2y + z = 1 \end{cases}$ 与直线 $\dfrac{x}{1} = \dfrac{y-1}{0} = \dfrac{z-1}{-1}$ 的关系是_____;

A. 平行　　　　　B. 重合　　　　　C. 垂直　　　　　D. 既不平行也不垂直

(9) 柱面 $x^2 + z = 0$ 的母线平行于_____;

A. y 轴　　　　　B. x 轴　　　　　C. z 轴　　　　　D. zOx 面

(10) 曲线 $\begin{cases} \dfrac{y^2}{2} + x^2 = 1 \\ z = 0 \end{cases}$ 绕 x 轴旋转一周,所得的旋转曲面方程为_____.

A. $\dfrac{y^2}{2} + x^2 + z^2 = 1$　　　　　　　　B. $\dfrac{y^2 + z^2}{2} + x^2 = 1$

C. $\dfrac{(y+z)^2}{2} + x^2 = 1$　　　　　　　　D. $\dfrac{y^2}{2} + (x+z)^2 = 1$

8.5　验收测试题答案

1. 填空题

$(1) 7, -\dfrac{2}{7}, \dfrac{6}{7}, -\dfrac{3}{7}, \{ -\dfrac{2}{7}, \dfrac{6}{7}, -\dfrac{3}{7} \}$;　　$(2) -\dfrac{1}{2}, 2$;　$(3) 1, 1$;　$(4) 11$;

$(5) 3x - 2y - 5z + 35 = 0$;　$(6) \dfrac{x-1}{1} = \dfrac{y-2}{-1} = \dfrac{z-1}{2}$;　$(7) -3, 0, 0$;

$(8) -1, 1$;　$(9) 2x - 10y + 2z - 11 = 0$;　$(10) \begin{cases} x^2 + y^2 = 25 \\ z = 0 \end{cases}$.

2. 选择题

(1) A；　(2) A；　(3) A；　(4) B；　(5) C；　(6) A；　(7) D；　(8) C；　(9) B；　(10) B.

第 *9* 章

多元函数微分学

9.1 内容提要

1. 多元函数

（1）**平面点集** 坐标平面上具有某种性质 P 的点的集合，称为平面点集，记作 $E = \{(x,y) \mid (x,y) \text{ 具有性质 } P\}$.

（2）**邻域** $U(P_0,\delta) = \{P \mid |PP_0| < \delta\} = \{(x,y) \mid \sqrt{(x-x_0)^2 + (y-y_0)^2} < \delta\}$，去心邻域：$\mathring{U}(P_0,\delta) = \{(x,y) \mid 0 < \sqrt{(x-x_0)^2 + (y-y_0)^2} < \delta\}$.

（3）**内点、外点、边界点、聚点、开集、闭集、连通集、区域、闭区域、有界集、无界集**等概念不再总结，请自己总结.

（4）**多元函数** 设 D 是 $\mathbf{R}^2$ 的一个非空子集，称映射 $f:D \rightarrow \mathbf{R}$ 为定义在 D 上的二元函数，记为 $z = f(x,y)$，$(x,y) \in D$ 或 $z = f(p)$，$p \in D$，其中 x,y 称为自变量，z 称为因变量，D 称为该函数的定义域. $z = f(x,y)$ 在几何上表示空间曲面的方程.

类似地，可以定义三元函数 $u = f(x,y,z)$ 以及 n 元函数 $u = f(x_1,x_2,\cdots,x_n)$.

（5）**二元函数的极限** 设点 $P_0(x_0,y_0)$ 为函数 $z = f(x,y)$ 定义域 D_f 的聚点，A 是一个实数，若对于任意给定的 $\varepsilon > 0$，存在 $\delta > 0$，使得当点 $P(x,y) \in \mathring{U}(P_0,\delta)$ 时，有不等式 $|f(x,y) - A| < \varepsilon$ 成立，则称 A 是函数 $f(x,y)$ 当 $(x,y) \rightarrow (x_0,y_0)$ 时的二重极限，简称为极限，记为

$$\lim_{\substack{x \rightarrow x_0 \\ y \rightarrow y_0}} f(x,y) = A \quad \text{或} \quad \lim_{(x,y) \rightarrow (x_0,y_0)} f(x,y) = A$$

（6）**二元函数的连续性** 设二元函数 $f(P) = f(x,y)$ 的定义域为 D_f，$P_0(x_0,y_0)$ 为 D_f 的聚点，如果 $P_0 \in D_f$，若有

$$\lim_{(x,y) \rightarrow (x_0,y_0)} f(x,y) = f(x_0,y_0)$$

则称函数 $f(x,y)$ 在点 $P_0(x_0,y_0)$ 连续，此时又称 $P_0(x_0,y_0)$ 为函数 $f(x,y)$ 的连续点；否则，称函数 $f(x,y)$ 在点 $P_0(x_0,y_0)$ 间断，此时又称 $P_0(x_0,y_0)$ 为函数 $f(x,y)$ 的间断点.

（7）**多元初等函数** 多元函数如果可用一个式子表示，并且这个式子是由常数及具有不同自变量的一元基本初等函数经过有限次四则运算和复合运算而得到的，则称该多

元函数为多元初等函数. 一切多元初等函数在其定义区域内是连续的.

（8）最值定理　若多元函数在有界闭区域 D 上连续,则该函数在 D 上有界且一定有最大值和最小值.

介值定理　若多元函数在有界闭区域 D 上连续,则该函数必取得介于最大值和最小值之间的任何值.

2. 偏导数与全微分

（1）偏导数定义　函数 $z = f(x, y)$ 在点 (x_0, y_0) 处对 x 的偏导数记为 $\left. \dfrac{\partial z}{\partial x} \right|_{(x_0, y_0)}$,

$$\left. \frac{\partial z}{\partial x} \right|_{(x_0, y_0)} = \lim_{\Delta x \to 0} \frac{\Delta z_x}{\Delta x} = \lim_{\Delta x \to 0} \frac{f(x_0 + \Delta x, y_0) - f(x_0, y_0)}{\Delta x}$$

类似地,可定义 $z = f(x, y)$ 在点 (x_0, y_0) 处对 y 的偏导数 $\left. \dfrac{\partial z}{\partial y} \right|_{(x_0, y_0)}$.

对于 $z = f(x, y)$ 的偏导数,并不需要用新的方法,仍旧是一元函数的微分法问题,求 $\dfrac{\partial f}{\partial x}$ 时,只要把 y 暂时看作常量而对 x 求导数;求 $\dfrac{\partial f}{\partial y}$ 时,则只要把 x 暂时看作常量而对 y 求导数,一元函数的求导法则仍然适用.

几何意义:函数 $z = f(x, y)$ 在点 (x_0, y_0) 处对 x 的偏导数记为 $\left. \dfrac{\partial z}{\partial x} \right|_{(x_0, y_0)}$,是空间曲线 $\begin{cases} z = f(x, y) \\ y = y_0 \end{cases}$ 在点 $M(x_0, y_0, f(x_0, y_0))$ 处的切线对 x 轴的斜率.

（2）高阶偏导数

$$\frac{\partial}{\partial x}\left(\frac{\partial z}{\partial x}\right) = \frac{\partial^2 z}{\partial x^2} = f_{xx}(x, y), \qquad \frac{\partial}{\partial y}\left(\frac{\partial z}{\partial x}\right) = \frac{\partial^2 z}{\partial x \partial y} = f_{xy}(x, y)$$

$$\frac{\partial}{\partial x}\left(\frac{\partial z}{\partial y}\right) = \frac{\partial^2 z}{\partial y \partial x} = f_{yx}(x, y), \qquad \frac{\partial}{\partial y}\left(\frac{\partial z}{\partial y}\right) = \frac{\partial^2 z}{\partial y^2} = f_{yy}(x, y)$$

定理　如果函数 $z = f(x, y)$ 的两个混合偏导数 $\dfrac{\partial^2 z}{\partial y \partial x}, \dfrac{\partial^2 z}{\partial x \partial y}$ 在区域 D 内连续,则在该区域内这两个混合偏导数必相等,即 $\dfrac{\partial^2 z}{\partial y \partial x} = \dfrac{\partial^2 z}{\partial x \partial y}$.

（3）全微分　若二元函数 $z = f(x, y)$ 在点 (x, y) 的全增量

$$\Delta z = f(x + \Delta x, y + \Delta y) - f(x, y)$$

可表示为

$$\Delta z = A \Delta x + B \Delta y + o(\rho)$$

其中 A, B 不依赖于 $\Delta x, \Delta y$,仅与 x, y 有关,$\rho = \sqrt{(\Delta x)^2 + (\Delta y)^2}$,则称函数 $z = f(x, y)$ 在点 (x, y) 可微分,全微分 $\mathrm{d}z = A \Delta x + B \Delta y$.

定理 1（可微的必要条件）　如果函数 $z = f(x, y)$ 在点 (x, y) 处可微,则 $z = f(x, y)$ 在点 (x, y) 处的两个偏导数都存在,且函数 $z = f(x, y)$ 在点 (x, y) 的全微分为 $\mathrm{d}z = \dfrac{\partial z}{\partial x} \Delta x +$

$\dfrac{\partial z}{\partial y}\Delta y.$

定理2(可微的充分条件)　若函数 $z = f(x,y)$ 的两个偏导数在点 (x,y) 处连续,则函数 $f(x,y)$ 在点 (x,y) 可微.

(4)全微分在近似计算中的应用

①计算全增量: $\Delta z \approx \mathrm{d}z = f_x(x,y)\Delta x + f_y(x,y)\Delta y$

②计算函数值: $f(x+\Delta x, y+\Delta y) \approx f(x,y) + f_x(x,y)\Delta x + f_y(x,y)\Delta y$

③误差估计:设自变量的绝对误差限分别为 δ_x, δ_y,即

$$|\Delta x| = |x - x_0| \le \delta_x, \quad |\Delta y| = |y - y_0| \le \delta_y$$

则 z 的相对误差约为

$$\frac{\delta_z}{|z|} \le \left|\frac{z_x}{z}\right|\delta_x + \left|\frac{z_y}{z}\right|\delta_y$$

(5)梯度　$\mathbf{grad}\, f(x_0,y_0) = f_x(x_0,y_0)\boldsymbol{i} + f_y(x_0,y_0)\boldsymbol{j} = \{f_x(x_0,y_0), f_y(x_0,y_0)\}.$

如果函数 $f(x,y)$ 在点 $P_0(x_0,y_0)$ 可微分, $\boldsymbol{e}_l = (\cos\alpha, \cos\beta)$ 是与向量 l 同方向的单位向量,则

$$\frac{\partial f}{\partial \boldsymbol{l}}\Big|_{(x_0,y_0)} = f_x(x_0,y_0)\cos\alpha + f_y(x_0,y_0)\cos\beta =$$

$$\mathbf{grad}\, f(x_0,y_0) \cdot \boldsymbol{e}_l = |\mathbf{grad}\, f(x_0,y_0)|\cos\theta$$

其中 $\theta = (\overbrace{\mathbf{grad}\, f(x_0,y_0), \boldsymbol{e}_l})$.

梯度是个向量,它的方向是函数在这点的方向导数取得最大值的方向,它的模就等于方向导数的最大值.

3. 复合函数与隐函数求导法则

(1)复合函数的中间变量均为一元函数的情形

定理1　如果函数 $u = \varphi(x)$ 及 $v = \psi(x)$ 都在点 x 处可微,函数 $z = f(u,v)$ 在对应点 (u,v) 处也可微,则复合函数 $z = f[\varphi(x), \psi(x)]$ 在点 x 处可导,有

$$\frac{\mathrm{d}z}{\mathrm{d}x} = \frac{\partial z}{\partial u}\frac{\mathrm{d}u}{\mathrm{d}x} + \frac{\partial z}{\partial v}\frac{\mathrm{d}v}{\mathrm{d}x}$$

(2)复合函数的中间变量为二元函数的情形

定理2　如果函数 $u = \varphi(x,y)$ 及 $v = \psi(x,y)$ 在点 (x,y) 处都是可微的,函数 $z = f(u,v)$ 在对应点 (u,v) 处也可微,则复合函数 $z = f[\varphi(x), \psi(x)]$ 在点 (x,y) 的两个偏导数都存在,并有

$$\frac{\partial z}{\partial x} = \frac{\partial z}{\partial u}\frac{\partial u}{\partial x} + \frac{\partial z}{\partial v}\frac{\partial v}{\partial x}$$

$$\frac{\partial z}{\partial y} = \frac{\partial z}{\partial u}\frac{\partial u}{\partial y} + \frac{\partial z}{\partial v}\frac{\partial v}{\partial y}$$

(3)复合函数的中间变量既有一元函数,又有多元函数

定理3　如果函数 $u = \varphi(x,y)$ 在点 (x,y) 处可微,函数 $v = \psi(y)$ 在点 y 处可微,函数 $z = f(u,v)$ 在对应点 (u,v) 处可微,则复合函数 $z = f[\varphi(x,y), \psi(y)]$ 在点 (x,y) 处的偏导

数存在,且有

$$\frac{\partial z}{\partial x} = \frac{\partial z}{\partial u} \frac{\partial u}{\partial x}, \quad \frac{\partial z}{\partial y} = \frac{\partial z}{\partial u} \frac{\partial u}{\partial y} + \frac{\partial z}{\partial v} \frac{\mathrm{d}v}{\mathrm{d}y}$$

(4) 全微分形式不变性

设 $z = f(u,v)$, $u = \varphi(x,y)$, $v = \varphi(x,y)$ 都连续可微,则

$$\mathrm{d}z = \frac{\partial z}{\partial u}\mathrm{d}u + \frac{\partial z}{\partial v}\mathrm{d}v = \frac{\partial z}{\partial x}\mathrm{d}x + \frac{\partial z}{\partial y}\mathrm{d}y$$

(5) 隐函数求导

① 一个方程的情形

定理 1　$F(x,y) = 0 \Rightarrow \dfrac{\mathrm{d}y}{\mathrm{d}x} = -\dfrac{F_x}{F_y}$ (详见教材).

定理 2　$F(x,y,z) = 0 \Rightarrow \dfrac{\partial z}{\partial x} = -\dfrac{F_x}{F_z}, \dfrac{\partial z}{\partial y} = -\dfrac{F_y}{F_z}$.

② 方程组的情形

定理 3　$\begin{cases} F(x,y,z) = 0 \\ G(x,y,z) = 0 \end{cases}, J = \dfrac{\partial(F,G)}{\partial(y,z)} = \begin{vmatrix} \dfrac{\partial F}{\partial y} & \dfrac{\partial F}{\partial z} \\ \dfrac{\partial G}{\partial y} & \dfrac{\partial G}{\partial z} \end{vmatrix} \neq 0$,则

$$\frac{\mathrm{d}y}{\mathrm{d}x} = -\frac{1}{J}\frac{\partial(F,G)}{\partial(x,z)}, \quad \frac{\mathrm{d}z}{\mathrm{d}x} = -\frac{1}{J}\frac{\partial(F,G)}{\partial(y,x)}$$

4. 方向导数与梯度

(1) 方向导数　函数 $z = f(x,y)$ 在点 (x,y) 处沿方向 l 的方向导数

$$\frac{\partial f}{\partial l} = \lim_{\rho \to 0^+} \frac{f(x + \rho\cos\alpha, y + \rho\cos\beta) - f(x,y)}{\rho}$$

$$\boldsymbol{e}_\rho = (\cos\alpha, \cos\beta), \quad \rho = |PQ|$$

(2) 几何意义　动点 P 沿方向 l 趋于定点 Q 时 $f(x,y)$ 的变化率.

特别地,当 $\boldsymbol{e}_l = \boldsymbol{i} = (1,0)$ 时,则 $\dfrac{\partial f}{\partial l} = \lim\limits_{\rho \to 0^+} \dfrac{f(x + \rho, y) - f(x,y)}{\rho} = f_x(x,y)$

当 $\boldsymbol{e}_l = \boldsymbol{j} = (0,1)$ 时则

$$\frac{\partial f}{\partial l} = \lim_{\rho \to 0^+} \frac{f(x, y + \rho) - f(x,y)}{\rho} = f_y(x,y)$$

(3) 定理　如果函数 $f(x,y)$ 在点 $P(x,y)$ 可微分,那么函数在该点沿任一方向 l 的方向导数存在,且有

$$\frac{\partial f}{\partial l} = f_x(x,y)\cos\alpha + f_y(x,y)\cos\beta$$

其中 $\cos\beta, \cos\beta$ 是方向 l 的方向余弦.

同理:如果函数 $f(x,y,z)$ 在点 (x,y,z) 可微分,射线 l 的方向余弦为 $\cos\alpha, \cos\beta$, $\cos\gamma$,则该函数在点 P 处沿 l 的方向导数为

$$\frac{\partial f}{\partial l} = \frac{\partial f}{\partial x}\cos\alpha + \frac{\partial f}{\partial y}\cos\beta + \frac{\partial f}{\partial z}\cos\gamma$$

5. 偏导数的应用

（1）偏导数在几何上的应用

① 空间曲线的切线与法平面

（a）参数式　　空间曲线 $\Gamma:\begin{cases} x = x(t) \\ y = y(t) \\ z = (t) \end{cases}$ $(\alpha \le t \le \beta)$

切线　　　　　　　　　$\dfrac{x - x_0}{x'(t_0)} = \dfrac{y - y_0}{y'(t_0)} = \dfrac{z - z_0}{z'(t_0)}$

法平面　　　$x'(t_0)(x - x_0) + y'(t_0)(y - y_0) + z'(t_0)(z - z_0) = 0$

（b）直角坐标　　曲线 $\Gamma:\begin{cases} y = \varphi(x) \\ z = \psi(x) \end{cases}$

切线　　　　　　　　　$\dfrac{x - x_0}{1} = \dfrac{y - y_0}{\varphi'(x_0)} = \dfrac{z - z_0}{\psi'(x_0)}$

法平面　　　　　$x - x_0 + \varphi'(x_0)(y - y_0) + \psi'(x_0)(z - z_0) = 0$

（c）面交式　　曲线 $\Gamma:\begin{cases} F(x,y,z) = 0 \\ G(x,y,z) = 0 \end{cases}$

切线　　　$\dfrac{x - x_0}{\begin{vmatrix} F_y & F_z \\ G_y & G_z \end{vmatrix}_0} = \dfrac{y - y_0}{\begin{vmatrix} F_z & F_x \\ G_z & G_x \end{vmatrix}_0} = \dfrac{z - z_0}{\begin{vmatrix} F_x & F_y \\ G_x & G_y \end{vmatrix}_0}$

法平面　$\begin{vmatrix} F_y & F_z \\ G_y & G_z \end{vmatrix}_0 (x - x_0) + \begin{vmatrix} F_z & F_x \\ G_z & G_x \end{vmatrix}_0 (y - y_0) + \begin{vmatrix} F_x & F_y \\ G_x & G_y \end{vmatrix}_0 (z - z_0) = 0$

② 曲面的切平面与法线

（a）$F(x,y,z) = 0$

切平面

　　$F_x(x_0,y_0,z_0)(x - x_0) + F_y(x_0,y_0,z_0)(y - y_0) + F_z(x_0,y_0,z_0)(z - z_0) = 0$

法线　　　　$\dfrac{x - x_0}{F_x(x_0,y_0,z_0)} = \dfrac{y - y_0}{F_y(x_0,y_0,z_0)} = \dfrac{z - z_0}{F_z(x_0,y_0,z_0)}$

（b）$z = f(x,y)$

切平面　　　$f_x(x_0,y_0)(x - x_0) + f_y(x_0,y_0)(y - y_0) - (z - z_0) = 0$

法线　　　　　　$\dfrac{x - x_0}{f_x(x_0,y_0)} = \dfrac{y - y_0}{f_y(x_0,y_0)} = \dfrac{z - z_0}{-1}$

方向余弦

　　$\cos \alpha = \dfrac{-f_x}{\sqrt{1 + f_x^2 + f_y^2}}, \quad \cos \beta = \dfrac{-f_y}{\sqrt{1 + f_x^2 + f_y^2}}, \quad \cos \gamma = \dfrac{1}{\sqrt{1 + f_x^2 + f_y^2}}$

（2）多元函数的极值与最值

定理 1（极值的必要条件）　　设函数 $z = f(x,y)$ 在点 $P_0(x_0,y_0)$ 处的两个偏导数都存在，且函数在该点取得极值，则

$$f_x(x_0,y_0) = 0, \quad f_y(x_0,y_0) = 0$$

定理2(极值存在的充分条件)   设函数 $z = f(x, y)$ 在其驻点 (x_0, y_0) 的某个邻域内有二阶的连续偏导数,令 $A = f_{xx}(x_0, y_0)$, $B = f_{xy}(x_0, y_0)$, $C = f_{yy}(x_0, y_0)$, $\Delta = B^2 - AC$,那么

① 如果 $\Delta < 0$,则点 (x_0, y_0) 是函数的极值点,且当 $A < 0$ 时, $f(x_0, y_0)$ 是极大值;当 $A > 0$ 时, $f(x_0, y_0)$ 为极小值;

② 如果 $\Delta > 0$,则点 (x_0, y_0) 不是函数的极值点;

③ 如果 $\Delta = 0$,则函数 $z = f(x, y)$ 在点 (x_0, y_0) 有无极值不能确定,需用其他方法判别.

多元函数的最值不难得到.

(3) 条件极值和拉格朗日乘数法

对函数的自变量存在附加条件的极值称为条件极值.

求条件极值有两种方法:一是将限制条件代入消元化为无条件极值;二是用拉格朗日乘数法.

用拉格朗日乘数法求目标函数 $z = f(x, y)$ 在限制条件 $\varphi(x, y) = 0$ 下的极值:

① 根据目标函数和约束条件写出拉格朗日函数 $L(x, y) = f(x, y) + \lambda \varphi(x, y)$;

② 建立方程组 $\begin{cases} \dfrac{\partial L}{\partial x} = f_x(x, y) + \lambda \varphi_x(x, y) = 0 \\ \dfrac{\partial L}{\partial y} = f_y(x, y) + \lambda \varphi_y(x, y) = 0 \\ \dfrac{\partial L}{\partial \lambda} = \varphi(x, y) = 0 \end{cases}$

③ 求出方程组的全部解,如果 λ_0, x_0, y_0 是方程组的解,则点 (x_0, y_0) 就是这个条件极值问题的可能极值点.

④ 判断点 (x_0, y_0) 是否为条件极值的极值点.

9.2   典型题精解

例1   求二元函数 $f(x, y) = \dfrac{\arcsin(3 - x^2 - y^2)}{\sqrt{x - y^2}}$ 的定义域.

解 $\begin{cases} |3 - x^2 - y^2| \leqslant 1 \\ x - y^2 > 0 \end{cases}$

得

$$\begin{cases} 2 \leqslant x^2 + y^2 \leqslant 4 \\ x > y^2 \end{cases}$$

所求定义域为

$$D = \{(x, y) \mid 2 \leqslant x^2 + y^2 \leqslant 4, x > y^2\}$$

例2   已知函数 $f(x + y, x - y) = \dfrac{x^2 - y^2}{x^2 + y^2}$,求 $f(x, y)$.

解   设 $u = x + y, v = x - y$,则 $x = \dfrac{u + v}{2}, y = \dfrac{u - v}{2}$,故得

$$f(u,v) = \frac{\left(\frac{u+v}{2}\right)^2 - \left(\frac{u-v}{2}\right)^2}{\left(\frac{u+v}{2}\right)^2 + \left(\frac{u-v}{2}\right)^2} = \frac{2uv}{u^2 + v^2}$$

即有

$$f(x,y) = \frac{2xy}{x^2 + y^2}$$

例 3 求极限 $\lim\limits_{\substack{x \to 0 \\ y \to 0}} (x^2 + y^2) \sin \dfrac{1}{x^2 + y^2}$.

解 令 $u = x^2 + y^2$，则

$$\lim_{\substack{x \to 0 \\ y \to 0}} (x^2 + y^2) \sin \frac{1}{x^2 + y^2} = \lim_{u \to 0} u \sin \frac{1}{u} = 0$$

例 4 求极限 $\lim\limits_{\substack{x \to 0 \\ y \to 0}} \dfrac{\sin(x^2 y)}{x^2 + y^2}$.

解 $\lim\limits_{\substack{x \to 0 \\ y \to 0}} \dfrac{\sin(x^2 y)}{x^2 + y^2} = \lim\limits_{\substack{x \to 0 \\ y \to 0}} \dfrac{\sin(x^2 y)}{x^2 y} \cdot \dfrac{x^2 y}{x^2 + y^2}$，其中 $\lim\limits_{\substack{x \to 0 \\ y \to 0}} \dfrac{\sin(x^2 y)}{x^2 y} \xlongequal{u = x^2 y} \lim\limits_{u \to 0} \dfrac{\sin u}{u} = 1$

$$\left| \frac{x^2 y}{x^2 + y^2} \right| = \frac{1}{2} \left| \frac{2xy}{x^2 + y^2} \cdot x \right| \leqslant \frac{1}{2} |x| \xrightarrow{x \to 0} 0$$

所以

$$\lim_{\substack{x \to 0 \\ y \to 0}} \frac{\sin(x^2 y)}{x^2 + y^2} = 0$$

例 5 证明 $\lim\limits_{\substack{x \to 0 \\ y \to 0}} \dfrac{x^3 y}{x^6 + y^2}$ 不存在.

证 取 $y = kx^3$，$\lim\limits_{\substack{x \to 0 \\ y = kx^3}} \dfrac{x^3 y}{x^6 + y^2} = \lim\limits_{x \to 0} \dfrac{x^3 \cdot kx^3}{x^6 + k^2 x^6} = \dfrac{k}{1 + k^2}$，其值随 k 的不同而变化，故极限

不存在.

例 6 讨论二元函数

$$f(x,y) = \begin{cases} \dfrac{x^3 + y^3}{x^2 + y^2} & (x,y) \neq (0,0) \\ 0 & (x,y) = (0,0) \end{cases}$$

在 $(0,0)$ 处的连续性.

解 由 $f(x,y)$ 表达式的特征，利用极坐标变换：令 $x = \rho \cos \theta, y = \rho \sin \theta$，则

$$\lim_{(x,y) \to (0,0)} f(x,y) = \lim_{\rho \to 0} \rho (\sin^3 \theta + \cos^3 \theta) = 0 = f(0,0)$$

所以函数在 $(0,0)$ 点处连续.

例 7 设 $z = 4x^3 + 3x^2 y - 3xy^2 - x + y$，求

$$\frac{\partial^2 z}{\partial x^2}, \frac{\partial^2 z}{\partial y \partial x}, \frac{\partial^2 z}{\partial x \partial y}, \frac{\partial^2 z}{\partial y^2}$$

解

$$\frac{\partial z}{\partial x} = 12x^2 + 6xy - 3y^2 - 1$$

$$\frac{\partial z}{\partial y} = 3x^2 - 6xy + 1$$

$$\frac{\partial^2 z}{\partial x^2} = 24x + 6y, \quad \frac{\partial^2 z}{\partial y^2} = -6x$$

$$\frac{\partial^2 z}{\partial x \partial y} = 6x - 6y, \quad \frac{\partial^2 z}{\partial y \partial x} = 6x - 6y$$

例 8　设 $f(x,y) = \begin{cases} xy\dfrac{x^2 - y^2}{x^2 + y^2} & (x,y) \neq (0,0) \\ 0 & (x,y) = (0,0) \end{cases}$，试求 $f_{xy}(0,0)$ 及 $f_{yx}(0,0)$.

解　因 $f_x(0,0) = \lim\limits_{x \to 0} \dfrac{f(x,0) - f(0,0)}{x} = \lim\limits_{x \to 0} \dfrac{0 - 0}{x} = 0.$

当 $y \neq 0$ 时

$$f_x(0,y) = \lim_{x \to 0} \frac{f(x,y) - f(0,y)}{x} = \lim_{x \to 0} \frac{y(x^2 - y^2)}{x^2 + y^2} = -y$$

所以

$$f_{xy}(0,0) = \lim_{y \to 0} \frac{f_x(0,y) - f_x(0,0)}{y} = \lim_{y \to 0} \frac{-y - 0}{y} = -1$$

同理有

$$f_y(0,0) = \lim_{y \to 0} \frac{f(0,y) - f(0,0)}{y} = 0$$

当 $x \neq 0$ 时

$$f_y(x,0) = \lim_{y \to 0} \frac{f(x,y) - f(x,0)}{y} = \lim_{y \to 0} \frac{x(x^2 - y^2)}{x^2 + y^2} = x$$

所以

$$f_{yx}(0,0) = \lim_{x \to 0} \frac{f_y(x,0) - f_y(0,0)}{x} = \lim_{x \to 0} \frac{x - 0}{x} = 1$$

例 9　计算函数 $z = e^{xy}$ 在点 $(2, 1)$ 处的全微分.

解　$\dfrac{\partial z}{\partial x} = ye^{xy}, \dfrac{\partial z}{\partial y} = xe^{xy}, \dfrac{\partial z}{\partial x}\Big|_{(2,1)} = e^2, \dfrac{\partial z}{\partial y}\Big|_{(2,1)} = 2e^2$

所求全微分为

$$dz = e^2 dx + 2e^2 dy$$

例 10　求函数 $u = x + \sin\dfrac{y}{2} + e^{yz}$ 的全微分.

解　由

$$\frac{\partial u}{\partial x} = 1$$

$$\frac{\partial u}{\partial y} = \frac{1}{2}\cos\frac{y}{2} + ze^{yz}$$

$$\frac{\partial u}{\partial z} = y e^{yz}$$

故所求全微分为

$$du = dx + \left(\frac{1}{2}\cos\frac{y}{2} + z e^{yz}\right)dy + y e^{yz}dz$$

例 11   计算 $(1.04)^{2.02}$ 的近似值.

解   设函数 $f(x,y) = x^y$. $x = 1, y = 2, \Delta x = 0.04, \Delta y = 0.02$.
因为

$$f(1,2) = 1, \quad f_x(x,y) = y x^{y-1}, \quad f_y(x,y) = x^y \ln x, \quad f_x(1,2) = 2, \quad f_y(1,2) = 0$$

由二元函数全微分近似计算公式得

$$(1.04)^{2.02} \approx 1 + 2 \times 0.04 + 0 \times 0.02 = 1.08$$

例 12   利用摆摆动测定重力加速度 g 的公式是 $g = \dfrac{4\pi^2 l}{T^2}$. 现测得单摆摆长 l 与振动
周期 T 分别为 $l = (100 \pm 0.1)$ cm, $T = (2 \pm 0.004)$ s. 问由于测定 l 与 T 的误差而引起 g
的绝对误差和相对误差各为多少?

解   如果把测量 l 与 T 时所产生的误差当作 $|\Delta l|$ 与 $|\Delta T|$, 则题设公式计算所产生
的误差就是二元函数 $g = \dfrac{4\pi^2 l}{T^2}$ 的全增的绝对值 $|\Delta g|$. 由于 $|\Delta l|, |\Delta T|$ 都很小, 因此可
用 dg 近似代替 Δg. 这样就得到 g 的误差为

$$|\Delta g| \approx |dg| = \left|\frac{\partial g}{\partial l}\Delta l + \frac{\partial g}{\partial T}\Delta T\right| \leqslant \left|\frac{\partial g}{\partial l}\right| \cdot \delta l + \left|\frac{\partial g}{\partial T}\right| \cdot \delta T = 4\pi^2\left(\frac{1}{T^2}\delta l + \frac{2l}{T^3}\delta T\right)$$

其中 δl 与 δT 为 l 与 T 的绝对误差.

把 $l = 100, T = 2, \delta_l = 0.1, \delta_T = 0.004$ 代入上式, 得 g 的绝对误差约为

$$\delta_g/(\text{cm} \cdot \text{s}^{-2}) = 4\pi^2\left(\frac{0.1}{2^2} + \frac{2 \times 100}{2^3} \times 0.004\right) = 0.5\pi^2 \approx 4.93$$

从而 g 的相对误差为

$$\frac{\delta_g}{g} = \frac{0.5\pi^2}{(4\pi^2 \times 100)/2^2} = 0.5\%$$

例 13   设 $z = uv + \sin t$, 而 $u = e^t, v = \cos t$, 求导数 $\dfrac{dz}{dt}$.

解
$$\frac{dz}{dt} = \frac{\partial z}{\partial u} \cdot \frac{du}{dt} + \frac{\partial z}{\partial v} \cdot \frac{dv}{dt} + \frac{\partial z}{\partial t} = v e^t - u\sin t + \cos t =$$
$$e^t\cos t - e^t\sin t + \cos t = e^t(\cos t - \sin t) + \cos t$$

例 14   设 $z = e^u \sin v$, 而 $u = xy, v = x + y$, 求 $\dfrac{\partial z}{\partial x}$ 和 $\dfrac{\partial z}{\partial y}$.

解
$$\frac{\partial z}{\partial x} = \frac{\partial z}{\partial u} \cdot \frac{\partial u}{\partial x} + \frac{\partial z}{\partial v} \cdot \frac{\partial v}{\partial x} = e^u\sin v \cdot y + e^u\cos v \cdot 1 =$$
$$e^u(y\sin v + \cos v) = e^{xy}[y\sin(x + y) + \cos(x + y)]$$
$$\frac{\partial z}{\partial y} = \frac{\partial z}{\partial u} \cdot \frac{\partial u}{\partial y} + \frac{\partial z}{\partial v} \cdot \frac{\partial v}{\partial y} = e^u\sin v \cdot x + e^u\cos v \cdot 1 =$$

$$e^u(x\sin v + \cos v) = e^{xy}[x\sin(x+y) + \cos(x+y)]$$

例 15　求 $z = (3x^2 + y^2)^{4x+2y}$ 的偏导数.

解　设 $u = 3x^2 + y^2, v = 4x + 2y$,则 $z = u^v$.

可得

$$\frac{\partial z}{\partial u} = v \cdot u^{v-1}, \qquad \frac{\partial z}{\partial v} = u^v \cdot \ln u$$

$$\frac{\partial u}{\partial x} = 6x, \qquad \frac{\partial u}{\partial y} = 2y, \qquad \frac{\partial v}{\partial x} = 4, \qquad \frac{\partial v}{\partial y} = 2$$

则

$$\frac{\partial z}{\partial x} = \frac{\partial z}{\partial u}\frac{\partial u}{\partial x} + \frac{\partial z}{\partial v}\frac{\partial v}{\partial x} = v \cdot u^{v-1} \cdot 6x + u^v \cdot \ln u \cdot 4 =$$
$$6x(4x+2y)(3x^2+y^2)^{4x+2y-1} + 4(3x^2+y^2)^{4x+2y}\ln(3x^2+y^2)$$

$$\frac{\partial z}{\partial y} = \frac{\partial z}{\partial u}\frac{\partial u}{\partial y} + \frac{\partial z}{\partial v}\frac{\partial v}{\partial y} = v \cdot u^{v-1} \cdot 2y + u^v \cdot \ln u \cdot 2 =$$
$$2y(4x+2y)(3x^2+y^2)^{4x+2y-1} + 2(3x^2+y^2)^{4x+2y}\ln(3x^2+y^2)$$

例 16　设 $u = f(x,y,z) = e^{x^2+y^2+z^2}$, $z = x^2\sin y$. 求 $\dfrac{\partial u}{\partial x}$ 和 $\dfrac{\partial u}{\partial y}$.

解
$$\frac{\partial u}{\partial x} = \frac{\partial f}{\partial x} + \frac{\partial f}{\partial z}\frac{\partial z}{\partial x} = 2xe^{x^2+y^2+z^2} + 2ze^{x^2+y^2+z^2} \cdot 2x\sin y =$$
$$2x(1 + 2x^2\sin^2 y)e^{x^2+y^2+x^4\sin^2 y}$$

$$\frac{\partial u}{\partial y} = \frac{\partial f}{\partial y} + \frac{\partial f}{\partial z}\frac{\partial z}{\partial y} = 2ye^{x^2+y^2+z^2} + 2ze^{x^2+y^2+z^2} \cdot x^2\cos y =$$
$$2(y + x^4\sin y\cos y)e^{x^2+y^2+x^4\sin^2 y}$$

例 17　设 $z = f(e^{xy}, x^2 - y^2)$,其中 $f(\xi, \eta)$ 有连续的二阶偏导数,求 $\dfrac{\partial z}{\partial y}, \dfrac{\partial^2 z}{\partial y^2}$.

解　设 $\xi = e^{xy}, \eta = x^2 - y^2$,则

$$\frac{\partial z}{\partial x} = \frac{\partial f}{\partial \xi} \cdot \frac{\partial \xi}{\partial x} + \frac{\partial f}{\partial \eta} \cdot \frac{\partial \eta}{\partial x} = ye^{xy}\frac{\partial f}{\partial \xi} + 2x\frac{\partial f}{\partial \eta}$$

$$\frac{\partial^2 z}{\partial x\partial y} = \frac{\partial}{\partial y}\Big(ye^{xy}\frac{\partial f}{\partial \xi}\Big) + \frac{\partial}{\partial y}\Big(2x\frac{\partial f}{\partial \eta}\Big) =$$
$$e^{xy}\frac{\partial f}{\partial \xi} + xye^{xy}\frac{\partial f}{\partial \xi} + xye^{2xy}\frac{\partial^2 f}{\partial \xi^2} - 2y^2e^{xy}\frac{\partial^2 f}{\partial \xi\partial \eta} + 2x^2e^{xy}\frac{\partial^2 f}{\partial \xi\partial \eta} - 4xy\frac{\partial^2 f}{\partial \eta^2} =$$
$$e^{xy}(1 + xy)\frac{\partial f}{\partial \xi} + xye^{2xy}\frac{\partial^2 f}{\partial \xi^2} + 2e^{xy}(x^2 - y^2)\frac{\partial^2 f}{\partial \xi\partial \eta} - 4xy\frac{\partial^2 f}{\partial \eta^2}$$

例 18　求函数 $z = \arctan\dfrac{x+y}{1-xy}$ 的全微分.

解　设 $u = x + y, v = 1 - xy$,则 $z = \arctan\dfrac{u}{v}$,于是

$$dz = \frac{\partial z}{\partial u}du + \frac{\partial z}{\partial v}dv = \frac{1}{1 + \left(\frac{u}{v}\right)^2} \cdot \frac{1}{v}du + \frac{1}{1 + \left(\frac{u}{v}\right)^2}\left(-\frac{u}{v^2}\right)dv = \frac{1}{u^2 + v^2} \cdot (vdu - udv)$$

由 $u = x + y, v = 1 - xy, \mathrm{d}u = \mathrm{d}x + \mathrm{d}y, \mathrm{d}v = -(y\mathrm{d}x + x\mathrm{d}y)$，代入上式，得

$$\mathrm{d}z = \frac{1}{(x+y)^2 + (1-xy)^2} \left[(1-xy)(\mathrm{d}x + \mathrm{d}y) + (x+y)(y\mathrm{d}x + x\mathrm{d}y) \right] =$$

$$\frac{\mathrm{d}x}{1+x^2} + \frac{\mathrm{d}y}{1+y^2}$$

例 19 求由方程 $z^3 - 3xyz = a^3$（a 是常数）所确定的隐函数 $z = f(x,y)$ 的偏导数 $\dfrac{\partial z}{\partial x}$ 和 $\dfrac{\partial z}{\partial y}$.

解 令 $F(x,y,z) = z^3 - 3xyz - a^3$，则 $F_x = -3yz, F_y = -3xz, F_z = 3z^2 - 3xy$. 显然都是连续. 所以，当 $F'_z = 3z^2 - 3xy \neq 0$ 时，由隐函数存在定理得

$$\frac{\partial z}{\partial x} = -\frac{F_x}{F_z} = -\frac{-3yz}{3z^2 - 3xy} = \frac{yz}{z^2 - xy}$$

$$\frac{\partial z}{\partial y} = -\frac{F_y}{F_z} = -\frac{-3xz}{3z^2 - 3xy} = \frac{xz}{z^2 - xy}$$

例 20 设 $z = f(x + y + z, xyz)$，求 $\dfrac{\partial z}{\partial x}, \dfrac{\partial x}{\partial y}, \dfrac{\partial y}{\partial z}$.

解 把 z 看成 x, y 的函数对 x 求偏导数得

$$\frac{\partial z}{\partial x} = f_u \cdot \left(1 + \frac{\partial z}{\partial x} \right) + f_v \cdot \left(yz + xy \frac{\partial z}{\partial x} \right)$$

得

$$\frac{\partial z}{\partial x} = \frac{f_u + yzf_v}{1 - f_u - xyf_v}$$

把 x 看成 z, y 的函数对 y 求偏导数得

$$0 = f_u \cdot \left(\frac{\partial x}{\partial y} + 1 \right) + f_v \cdot \left(xz + yz \frac{\partial x}{\partial y} \right)$$

得

$$\frac{\partial x}{\partial y} = \frac{f_u + xzf_v}{f_u + yzf_v}$$

把 y 看成 x, z 的函数对 z 求偏导数得

$$1 = f_u \cdot \left(\frac{\partial y}{\partial z} + 1 \right) + f_v \cdot \left(xy + xz \frac{\partial y}{\partial z} \right)$$

得

$$\frac{\partial y}{\partial z} = \frac{1 - f_u - xyf_v}{f_u + xzf_v}$$

例 21 设 $\begin{cases} u^2 + v^2 - x^2 - y = 0 \\ -u + v - xy + 1 = 0 \end{cases}$，求 $\dfrac{\partial x}{\partial u}, \dfrac{\partial y}{\partial u}$.

解 由题意知，方程组确定隐函数组

$$x = x(u,v), \quad y = y(u,v)$$

在题设方程组两边对 u 求偏导,得

$$2u - 2x \cdot \frac{\partial x}{\partial u} - \frac{\partial y}{\partial u} = 0, \quad -1 - \frac{\partial x}{\partial u} \cdot y - x \frac{\partial y}{\partial u} = 0$$

利用克莱姆法则,解得

$$\frac{\partial x}{\partial u} = \frac{2xu + 1}{2x^2 - y}, \quad \frac{\partial y}{\partial u} = -\frac{2x + 2yu}{2x^2 - y}$$

例 22　设 $\begin{cases} xu - yv = 0 \\ yu + xv = 1 \end{cases}$,求 $\dfrac{\partial u}{\partial x}, \dfrac{\partial u}{\partial y}, \dfrac{\partial v}{\partial x}, \dfrac{\partial v}{\partial y}$.

解一　由题意知,方程组确定隐函数

$$u = u(x,y), \quad v = v(x,y)$$

在题设方程组两边取微分,有

$$\begin{cases} x\mathrm{d}u + u\mathrm{d}x - y\mathrm{d}v - v\mathrm{d}y = 0 \\ y\mathrm{d}u + u\mathrm{d}y + x\mathrm{d}v + v\mathrm{d}x = 0 \end{cases}$$

把 $\mathrm{d}u, \mathrm{d}v$ 看成未知的,解得

$$\mathrm{d}u = \frac{1}{x^2 + y^2}\left[-(xu + yv)\mathrm{d}x + (xv - yu)\mathrm{d}y\right]$$

即有

$$\frac{\partial u}{\partial x} = -\frac{xu + yv}{x^2 + y^2}, \quad \frac{\partial u}{\partial y} = \frac{xv - yu}{x^2 + y^2}$$

同理,还可以求出 $\mathrm{d}v$,从而得到

$$\frac{\partial v}{\partial x} = \frac{yu - xv}{x^2 + y^2}, \quad \frac{\partial v}{\partial y} = -\frac{xu + yv}{x^2 + y^2}$$

注:此题也可用公式法求解.

解二　用公式推导的方法,将所给方程的两边对 x 求导并移项得

$$\begin{cases} x\dfrac{\partial u}{\partial x} - y\dfrac{\partial v}{\partial x} = -u \\ y\dfrac{\partial u}{\partial x} + x\dfrac{\partial v}{\partial x} = -v \end{cases}, \quad J = \begin{vmatrix} x & -y \\ y & x \end{vmatrix} = x^2 + y^2$$

在 $J \neq 0$ 的条件下,有

$$\frac{\partial u}{\partial x} = \frac{\begin{vmatrix} -u & -y \\ -v & x \end{vmatrix}}{\begin{vmatrix} x & -y \\ y & x \end{vmatrix}} = -\frac{xu + yv}{x^2 + y^2}, \quad \frac{\partial v}{\partial x} = \frac{\begin{vmatrix} x & -u \\ y & -v \end{vmatrix}}{\begin{vmatrix} x & -y \\ y & x \end{vmatrix}} = \frac{yu - xv}{x^2 + y^2}$$

将所给方程的两边对 y 求导,用同样方法得

$$\frac{\partial u}{\partial y} = \frac{xv - yu}{x^2 + y^2}, \quad \frac{\partial v}{\partial y} = -\frac{xu + yv}{x^2 + y^2}$$

例 23　求曲线 Γ

$$x = \int_0^t \mathrm{e}^u \cos u\,\mathrm{d}u, \quad y = 2\sin t + \cos t, \quad z = 1 + \mathrm{e}^{3t}$$

在 $t = 0$ 处的切线和法平面方程.

解 当 $t = 0$ 时,$x = 0, y = 1, z = 2, x' = \mathrm{e}^t \cos t, \quad y' = 2\cos t - \sin t, \quad z' = 3\mathrm{e}^{3t}$

得

$$x'(0) = 1, \quad y'(0) = 2, \quad z'(0) = 3$$

切线方程为

$$\frac{x - 0}{1} = \frac{y - 1}{2} = \frac{z - 2}{3}$$

法平面方程为

$$x + 2(y - 1) + 3(z - 2) = 0, \text{即} \ x + 2y + 3z - 8 = 0$$

例 24 求曲线 $\begin{cases} x^2 + z^2 = 10 \\ y^2 + z^2 = 10 \end{cases}$ 在点 $(1,1,3)$ 处的切线及法平面方程.

解 设 $F(x,y,z) = x^2 + z^2 - 10, G(x,y,z) = y^2 + z^2 - 10$

则

$$F_x = 2x, F_y = 0, F_z = 2z, G_x = 0, G_y = 2y, G_z = 2z$$

故

$$\begin{vmatrix} F_y & F_z \\ G_y & G_z \end{vmatrix}_{(1,1,3)} = \begin{vmatrix} 0 & 2z \\ 2y & 2z \end{vmatrix}_{(1,1,3)} = -12$$

$$\begin{vmatrix} F_z & F_x \\ G_z & G_x \end{vmatrix}_{(1,1,3)} = \begin{vmatrix} 2z & 2x \\ 2z & 0 \end{vmatrix}_{(1,1,3)} = -12$$

$$\begin{vmatrix} F_x & F_y \\ G_x & G_y \end{vmatrix}_{(1,1,3)} = \begin{vmatrix} 2x & 0 \\ 0 & 2y \end{vmatrix}_{(1,1,3)} = 4$$

故所求的切线方程为 $\dfrac{x - 1}{3} = \dfrac{y - 1}{3} = \dfrac{z - 3}{-1}$.

法平面方程为 $3(x - 1) + 3(y - 1) - (z - 3) = 0$,即 $3x + 3y - z = 3$.

例 25 求曲面 $z - \mathrm{e}^z + 2xy = 3$ 在点 $(1,2,0)$ 处的切平面及法线方程.

解 令 $F(x,y,z) = z - \mathrm{e}^z + 2xy - 3, F'_x = 2y, F'_y = 2x, F'_z = 1 - \mathrm{e}^z$

得

$$\boldsymbol{n}\big|_{(1,2,0)} = \{2y, 2x, 1 - \mathrm{e}^z\}\big|_{(1,2,0)} = \{4, 2, 0\}$$

切平面方程为

$$4(x - 1) + 2(y - 2) + 0 \cdot (z - 0) = 0, \text{即} \ 2x + y - 4 = 0$$

法线方程为

$$\frac{x - 1}{2} = \frac{y - 2}{1} = \frac{z - 0}{0}$$

例 26 求曲面 $x^2 + 2y^2 + 3z^2 = 21$ 平行于平面 $x + 4y + 6z = 0$ 的切平面方程.

解 设 (x_0, y_0, z_0) 为曲面上的切点,则切平面方程为

$$2x_0(x - x_0) + 4y_0(y - y_0) + 6z_0(z - z_0) = 0$$

依题意,切平面方程平行于已知平面,得

$$\frac{2x_0}{1} = \frac{4y_0}{4} = \frac{6z_0}{6}$$

得
$$2x_0 = y_0 = z_0$$
因为 (x_0, y_0, z_0) 是曲面上的切点, 满足曲面方程, 代入得 $x_0 = \pm 1$, 故所求切点为 $(1, 2, 2)$,
$(-1, -2, -2)$, 切平面方程 (1)
$$2(x - 1) + 8(y - 2) + 12(z - 2) = 0$$
即
$$x + 4y + 6z = 21$$
切平面方程 (2)
$$-2(x + 1) - 8(y + 2) - 12(z + 2) = 0$$
即
$$x + 4y + 6z = -21$$

例 27　求函数 $f(x, y) = x^2 - xy + y^2$ 在点 $(1, 1)$ 沿与 x 轴方向夹角为 α 的方向射线 $\boldsymbol{l}$ 的方向导数. 并问在怎样的方向上此方向导数有: (1) 最大值; (2) 最小值; (3) 等于零?

解　由方向导数的计算公式知
$$\left. \frac{\partial f}{\partial \boldsymbol{l}} \right|_{(1,1)} = f_x(1,1)\cos\alpha + f_y(1,1)\sin\alpha =$$
$$(2x - y)|_{(1,1)}\cos\alpha + (2y - x)|_{(1,1)}\sin\alpha =$$
$$\cos\alpha + \sin\alpha = \sqrt{2}\sin\left(\alpha + \frac{\pi}{4}\right)$$

故有 (1) 当 $\alpha = \dfrac{\pi}{4}$ 时, 方向导数达到最大值 $\sqrt{2}$;

(2) 当 $\alpha = \dfrac{5\pi}{4}$ 时, 方向导数达到最小值 $-\sqrt{2}$;

(3) 当 $\alpha = \dfrac{3\pi}{4}$ 和 $\alpha = \dfrac{7\pi}{4}$ 时, 方向导数等于 0.

例 28　求函数 $u = x^2 + 2y^2 + 3z^2 + 3x - 2y$ 在点 $(1, 1, 2)$ 处的梯度, 并问在哪些点处梯度为零?

解　由梯度计算公式得
$$\mathbf{grad}\, u(x, y, z) = \frac{\partial u}{\partial x}\boldsymbol{i} + \frac{\partial u}{\partial y}\boldsymbol{j} + \frac{\partial u}{\partial z}\boldsymbol{k} = (2x + 3)\boldsymbol{i} + (4y - 2)\boldsymbol{j} + 6z\boldsymbol{k}$$

故 $\mathbf{grad}\, u(1, 1, 2) = 5\boldsymbol{i} + 2\boldsymbol{j} + 12\boldsymbol{k}$. 在 $P_0\left(-\dfrac{3}{2}, \dfrac{1}{2}, 0\right)$ 处梯度为 $\boldsymbol{0}$.

例 29　求函数 $u = xy^2 + z^3 - xyz$ 在点 $P_0(1, 1, 1)$ 处沿哪个方向的方向导数最大? 最大值是多少?

解　由 $\dfrac{\partial u}{\partial x} = y^2 - yz, \dfrac{\partial u}{\partial y} = 2xy - xz, \dfrac{\partial u}{\partial z} = 3z^2 - xy$, 得
$$\left. \frac{\partial u}{\partial x} \right|_{P_0} = 0, \quad \left. \frac{\partial u}{\partial y} \right|_{P_0} = 1, \quad \left. \frac{\partial u}{\partial z} \right|_{P_0} = 2$$

从而 $\mathbf{grad}\, u(P_0) = \{0,1,2\}$, $\mathbf{grad}\,|u(P_0)| = \sqrt{0+1+4} = \sqrt{5}$.

于是 u 在点 P_0 处沿方向 $\{0,1,2\}$ 的方向导数最大,最大值是 $\sqrt{5}$.

例30 求函数 $f(x,y) = x^3 - y^3 + 3x^2 + 3y^2 - 9x$ 的极值.

解 先解方程组 $\begin{cases} f_x(x,y) = 3x^2 + 6x - 9 = 0 \\ f_y(x,y) = -3y^2 + 6y = 0 \end{cases}$,解得驻点为 $(1,0)$,$(1,2)$,$(-3,0)$,

$(-3,2)$.

再求出二阶偏导数 $A = f_{xx}(x,y) = 6x+6$,$B = f_{xy}(x,y) = 0$,$C = f_{yy}(x,y) = -6y+6$.

在点 $(1,0)$ 处,$AC - B^2 = 12 \cdot 6 > 0$,$A > 0$,故函数在该点处有极小值 $f(1,0) = -5$;

在点 $(1,2)$ 和 $(-3,0)$ 处,$AC - B^2 = -12 \cdot 6 < 0$,故函数在这两点处没有极值;

在点 $(-3,2)$ 处,$AC - B^2 = -12 \cdot (-6) > 0$,又 $A < 0$,故函数在该点处有极大值 $f(-3,2) = 31$.

例31 设销售收入 R(单位:万元)与花费在两种广告宣传的费用 x,y(单位:万元)之间的关系为

$$R = \frac{200x}{x+5} + \frac{100y}{10+y}$$

利润额相当于五分之一的销售收入,并要扣除广告费用. 已知广告费用总预算金是 25 万元,试问如何分配两种广告费用使利润最大?

解 设利润为 z,有

$$z = \frac{1}{5}R - x - y = \frac{40x}{x+5} + \frac{20y}{10+y} - x - y$$

限制条件为 $x+y = 25$. 这是条件极值问题. 令

$$L(x,y,\lambda) = \frac{40x}{x+5} + \frac{20y}{10+y} - x - y + \lambda(x+y-25)$$

由

$$L_x = \frac{200}{(5+x)^2} - 1 + \lambda = 0, \quad L_y = \frac{200}{(10+y)^2} - 1 + \lambda = 0$$

得

$$(5+x)^2 = (10+y)^2$$

又 $y = 25 - x$,解得 $x = 15$,$y = 10$. 根据问题本身的意义及驻点的唯一性即知,当投入两种广告的费用分别为 15 万元和 10 万元时,可使利润最大.

例32 求函数 $u = xyz$ 在附加条件

$$1/x + 1/y + 1/z = 1/a \quad (x>0, y>0, z>0, a>0) \tag{1}$$

下的极值.

解 作拉格朗日函数 $L(x,y,z,\lambda) = xyz + \lambda(1/x + 1/y + 1/z - 1/a)$.

由

$$\begin{cases} L_x = yz - \lambda/x^2 = 0 \\ L_y = xz - \lambda/y^2 = 0 \Rightarrow \\ L_z = xy - \lambda/z^2 = 0 \end{cases}$$

$$3xyz - \lambda(1/x + 1/y + 1/z) = 0$$
$$xyz = \lambda/3a$$
$$x = y = x = 3a$$

故 $(3a,3a,3a)$ 是函数 $u = xyz$ 在条件(1)下的唯一驻点.

把条件(1)确定的隐函数记作 $z = z(x,y)$,将目标函数看作 $u = xy \cdot z(x,y) = F(x,y)$,再应用二元函数极值的充分条件判断,知点 $(3a,3a,3a)$ 是函数 $u = xyz$ 在条件(1)下的极小值点. 而所求极值为 $27a^3$.

9.3　同步题解析

习题 9.1 解答

1. 求下列函数的定义域 D,并作出 D 的图形:

(1) $z = \ln(y^2 - 2x + 1)$;　　　　(2) $z = \ln(y - x) + \dfrac{\sqrt{x}}{\sqrt{1 - x^2 - y^2}}$;

(3) $z = \dfrac{\sqrt{x + y}}{\sqrt{x - y}}$;　　　　　　(4) $z = \dfrac{x^2 - y^2}{x^2 + y^2}$.

解　(1) 由于一元函数 $z = \ln t$ 的定义域是 $t > 0$,所以 $z = \ln(y^2 - 2x + 1)$ 的定义域是,$y^2 - 2x + 1 > 0$,即 $D = \{(x,y) \mid y^2 - 2x + 1 > 0\}$;

(2) 由于一元函数 $u = \ln t$ 的定义域是 $t > 0$,$v = \sqrt{s}$ 的定义域是 $s \geqslant 0$,$w = \dfrac{1}{\sqrt{p}}$ 的定义域是 $p > 0$,所以 $z = \ln(y - x) + \dfrac{\sqrt{x}}{\sqrt{1 - x^2 - y^2}}$ 的定义域是 $\begin{cases} y - x > 0 \\ x \geqslant 0 \\ 1 - x^2 - y^2 > 0 \end{cases}$,即

$D = \{(x,y) \mid y - x > 0, x \geqslant 0, x^2 + y^2 < 1\}$;

(3) 由于一元函数 $u = \sqrt{t}$ 的定义域是 $t \geqslant 0$,$v = \dfrac{1}{\sqrt{s}}$ 的定义域是 $s > 0$,所以 $z = \dfrac{\sqrt{x + y}}{\sqrt{x - y}}$ 的定义域是 $\begin{cases} x + y \geqslant 0 \\ x - y > 0 \end{cases}$,即 $D = \{(x,y) \mid y + x \geqslant 0, x - y > 0\}$;

(4) 由于一元函数 $u = \dfrac{1}{t}$ 的定义域是 $t \neq 0$,所以 $z = \dfrac{x^2 - y^2}{\sqrt{x^2 + y^2}}$ 的定义域是 $x^2 + y^2 \neq 0$,即 $D = \{(x,y) \mid y^2 + x^2 \neq 0\}$.

2. 已知函数 $f(x,y) = x^2 + y^2 - xy\tan\dfrac{x}{y}$,试求 $f(tx,ty)$.

解

$$f(tx,ty) = (tx)^2 + (ty)^2 - tx \cdot ty\tan\frac{tx}{ty} = t^2x^2 + t^2y^2 - t^2xy\tan\frac{x}{y} =$$

$$t^2(x^2 + y^2 - xy\tan\frac{x}{y}) = t^2f(x,y)$$

3. 求下列函数的极限:

(1) $\lim\limits_{(x,y)\to(0,1)}\dfrac{1-xy}{x^2-y^2}$;

(2) $\lim\limits_{(x,y)\to(0,0)}\dfrac{\sin(x^2+y^2)}{x^2+y^2}$;

(3) $\lim\limits_{(x,y)\to(0,0)}\dfrac{1-\cos(x^2+y^2)}{x^2+y^2}$;

(4) $\lim\limits_{(x,y)\to(0,0)}\dfrac{3-\sqrt{xy+9}}{xy}$.

解 (1) 由于二元函数 $z=\dfrac{1-xy}{x^2-y^2}$ 在 $(0,1)$ 处连续,所以 $\lim\limits_{(x,y)\to(0,1)}\dfrac{1-xy}{x^2-y^2}=-1$;

(2) $\qquad \lim\limits_{(x,y)\to(0,0)}\dfrac{\sin(x^2+y^2)}{x^2+y^2}=1 \quad$ (设 $u=x^2+y^2$)

(3) 由于 $\lim\limits_{t\to0}\dfrac{1-\cos t}{t}=0$,所以 $\lim\limits_{(x,y)\to(0,0)}\dfrac{1-\cos(x^2+y^2)}{x^2+y^2}=0$;

(4) 由于 $\lim\limits_{t\to0}\dfrac{3-\sqrt{t+9}}{t}=-\dfrac{1}{6}$,所以 $\lim\limits_{(x,y)\to(0,0)}\dfrac{3-\sqrt{xy+9}}{xy}=-\dfrac{1}{6}$.

4. 证明函数 $f(x,y)=\dfrac{x+y}{x-y}$ 在点 $(0,0)$ 处的二重极限不存在.

证明 分别沿 x 轴与 y 轴趋于原点考察极限

$$\lim\limits_{\substack{(x,y)\to(0,0)\\y=0}}\frac{x+y}{x-y}=\lim\limits_{x\to0}\frac{x}{x}=1,\quad \lim\limits_{\substack{(x,y)\to(0,0)\\x=0}}\frac{x+y}{x-y}=\lim\limits_{y\to0}\frac{y}{-y}=-1$$

它们不相等,因而原极限不存在.

5. 指出下列函数在何处间断:

(1) $z=\dfrac{1}{x^2+y^2}$;

(2) $z=\dfrac{y^2+2x}{y^2-x}$.

解 (1) 由于 $z=\dfrac{1}{x^2+y^2}$ 是二元初等函数,所以其间断处为 $x^2+y^2=0$,即 $z=\dfrac{1}{x^2+y^2}$ 在原点处间断;

(2) 由于 $z=\dfrac{y^2+2x}{y^2-x}$ 是二元初等函数,所以其间断处为 $y^2-x=0$,即 $z=\dfrac{y^2+2x}{y^2-x}$ 在抛物线 $x=y^2$ 上的点处间断.

习题 9.2 解答

1. 求下列函数的偏导数:

(1) $z=x^3y-y^3x$;

(2) $z=\dfrac{u^2+v^2}{uv}$;

(3) $z=\sqrt{\ln(xy)}$;

(4) $z=\sin(xy)+\cos^2(xy)$;

(5) $z=\ln\tan\dfrac{x}{y}$;

(6) $z=(1+xy)^y$;

(7) $u=x^{\frac{y}{z}}$;

(8) $u=\arctan(x-y)^z$.

解 (1) $\dfrac{\partial z}{\partial x}=3x^2y-y^3,\dfrac{\partial z}{\partial y}=x^3-3x^2y$;

(2) 由于 $z=\dfrac{u}{v}+\dfrac{v}{u}$,因此 $\dfrac{\partial z}{\partial u}=\dfrac{1}{v}-\dfrac{v}{u^2},\dfrac{\partial z}{\partial v}=\dfrac{1}{u}-\dfrac{u}{v^2}$;

(3) $\dfrac{\partial z}{\partial x} = \dfrac{1}{2\sqrt{\ln xy}} \cdot \dfrac{y}{xy} = \dfrac{1}{2x\sqrt{\ln xy}}$,

由 x,y 的对称性知 $\dfrac{\partial z}{\partial y} = \dfrac{1}{2y\sqrt{\ln xy}}$;

(4) $\dfrac{\partial z}{\partial x} = y\cos(xy) - 2y\cos xy\sin xy = y[\cos(xy) - \sin(2xy)]$, 由 x,y 的对称性知

$$\dfrac{\partial z}{\partial y} = x[\cos(xy) - \sin(2xy)]$$

(5) $\dfrac{\partial z}{\partial x} = \dfrac{1}{\tan\frac{x}{y}} \cdot \sec^2\dfrac{x}{y} \cdot \dfrac{1}{y} = \dfrac{2}{y}\csc\dfrac{2x}{y}, \dfrac{\partial z}{\partial y} = \dfrac{1}{\tan\frac{x}{y}} \cdot \sec^2\dfrac{x}{y} \cdot \left(-\dfrac{x}{y^2}\right) = -\dfrac{2x}{y^2}\csc\dfrac{2x}{y}$;

(6) $\dfrac{\partial z}{\partial x} = y(1+xy)^{y-1} \cdot y = y^2(1+xy)^{y-1}$, 由于 $z = \mathrm{e}^{y\ln(1+xy)}$, 所以

$$\dfrac{\partial z}{\partial y} = \mathrm{e}^{y\ln(1+xy)}\left(\ln(1+xy) + \dfrac{xy}{1+xy}\right) = (1+xy)^y\left[\ln(1+xy) + \dfrac{xy}{1+xy}\right]$$

(7) $\dfrac{\partial u}{\partial x} = \dfrac{y}{z}x^{\frac{y}{z}-1}, \dfrac{\partial u}{\partial y} = x^{\frac{y}{z}}\ln x \cdot \dfrac{1}{z} = \dfrac{1}{z}x^{\frac{y}{z}}\ln x, \dfrac{\partial u}{\partial z} = x^{\frac{y}{z}}\ln x \cdot \left(-\dfrac{y}{z^2}\right) = -\dfrac{y}{z^2}x^{\frac{y}{z}}\ln x$;

(8) $\dfrac{\partial u}{\partial x} = \dfrac{1}{1+(x-y)^{2z}} \cdot z(x-y)^{z-1} = \dfrac{z(x-y)^{z-1}}{1+(x-y)^{2z}}$;

$$\dfrac{\partial u}{\partial y} = \dfrac{1}{1+(x-y)^{2z}} \cdot z(x-y)^{z-1}(-1) = -\dfrac{z(x-y)^{z-1}}{1+(x-y)^{2z}};$$

$$\dfrac{\partial u}{\partial z} = \dfrac{1}{1+(x-y)^{2z}} \cdot (x-y)^z\ln(x-y) = \dfrac{(x-y)^z\ln(x-y)}{1+(x-y)^{2z}}.$$

2. 设 $f(x,y) = x + (y-2)\arcsin\sqrt{\dfrac{y}{x}}$, 求 $f_x(x,2)$.

解　因为 $f(x,2) = x$, 所以 $f_x(x,2) = 1$.

3. 求下列函数的所有二阶偏导数:

(1) $z = x^3 + y^3 - 2x^2y^2$;　　　　　(2) $z = \arctan\dfrac{x}{y}$;

(3) $z = x^y$;　　　　　　　　　　　(4) $z = \mathrm{e}^y\cos(x-y)$.

解　(1) $\dfrac{\partial z}{\partial x} = 3x^2 - 4xy^2, \dfrac{\partial z}{\partial y} = 3y^2 - 4x^2y, \dfrac{\partial^2 z}{\partial x^2} = 6x - 4y^2, \dfrac{\partial^2 z}{\partial x\partial y} = \dfrac{\partial^2 z}{\partial y\partial x} = -8xy$,

$\dfrac{\partial^2 z}{\partial y^2} = 6y - 4x^2$;

(2) $\dfrac{\partial z}{\partial x} = \dfrac{\frac{1}{y}}{1+\left(\frac{x}{y}\right)^2} = \dfrac{y}{x^2+y^2}, \dfrac{\partial z}{\partial y} = \dfrac{-\frac{x}{y^2}}{1+\left(\frac{x}{y}\right)^2} = -\dfrac{x}{x^2+y^2}, \dfrac{\partial^2 z}{\partial x^2} = -\dfrac{2xy}{x^2+y^2}$,

$\dfrac{\partial^2 z}{\partial x\partial y} = \dfrac{\partial^2 z}{\partial y\partial x} = \dfrac{x^2+y^2-2y^2}{x^2+y^2} = \dfrac{x^2-y^2}{x^2+y^2}, \dfrac{\partial^2 z}{\partial y^2} = \dfrac{2xy}{x^2+y^2}$;

（3）$\dfrac{\partial z}{\partial x} = yx^{y-1}, \dfrac{\partial z}{\partial y} = x^y \ln x, \dfrac{\partial^2 z}{\partial x^2} = y(y-1)x^{y-2}$；

$\dfrac{\partial^2 z}{\partial x \partial y} = \dfrac{\partial^2 z}{\partial y \partial x} = x^{y-1} + yx^{y-1}\ln x = x^{y-1}(1 + y\ln x), \dfrac{\partial^2 z}{\partial y^2} = x^y (\ln x)^2$；

（4）$\dfrac{\partial z}{\partial x} = -e^y \sin(x - y)$；

$\dfrac{\partial z}{\partial y} = e^y \cos(x - y) + e^y \sin(x - y) = e^y [\cos(x - y) + \sin(x - y)]$；

$\dfrac{\partial^2 z}{\partial x^2} = -e^y \cos(x - y)$；

$\dfrac{\partial^2 z}{\partial x \partial y} = \dfrac{\partial^2 z}{\partial y \partial x} = -e^y \sin(x - y) + e^y \cos(x - y) = -e^y [\sin(x - y) - \cos(x - y)]$；

$\dfrac{\partial^2 z}{\partial y^2} = e^y [\cos(x - y) + \sin(x - y)] + e^y [\sin(x - y) - \cos(x - y)] = 2e^y \sin(x - y)$.

习题 9.3 解答

1. 求下列函数的全微分：

（1）$z = xy + \dfrac{x}{y}$；   （2）$z = \ln(1 + x^2 + y^2)$；

（3）$z = y^x$；   （4）$u = x^{yz}$.

解 （1）$\mathrm{d}z = \mathrm{d}(xy + \dfrac{x}{y}) = \mathrm{d}(xy) + \mathrm{d}(\dfrac{x}{y}) =$

$$x\mathrm{d}y + y\mathrm{d}x + \dfrac{1}{y}\mathrm{d}x - \dfrac{x}{y^2}\mathrm{d}y = (y + \dfrac{1}{y})\mathrm{d}x + (x - \dfrac{x}{y^2})\mathrm{d}y$$

（2）$\mathrm{d}z = \mathrm{d}\ln(1 + x^2 + y^2) = \dfrac{1}{1 + x^2 + y^2}\mathrm{d}(1 + x^2 + y^2) =$

$$\dfrac{1}{1 + x^2 + y^2}(2x\mathrm{d}x + 2y\mathrm{d}y) = \dfrac{2x}{1 + x^2 + y^2}\mathrm{d}x + \dfrac{2y}{1 + x^2 + y^2}\mathrm{d}y$$

（3）因为 $\dfrac{\partial z}{\partial x} = y^x \ln y, \dfrac{\partial z}{\partial y} = xy^{x-1}$，所以 $\mathrm{d}z = y^x \ln y \mathrm{d}x + xy^{x-1}\mathrm{d}y$；

（4）$$\mathrm{d}u = yzx^{yz-1}\mathrm{d}x + zx^{yz}\ln x\mathrm{d}y + yx^{yz}\ln x\mathrm{d}z$$

2. 证明：函数 $z = \sqrt{x^2 + y^2}$ 在点 $(0,0)$ 连续，但两个偏导数不存在.

证 由于 $z = \sqrt{x^2 + y^2}$ 是二元初等函数，且在 $(0,0)$ 点有定义，所以 $z = \sqrt{x^2 + y^2}$ 在 $(0,0)$ 点处连续，记 $z = f(x,y) = \sqrt{x^2 + y^2}$，在点 $(0,0)$ 对 x 的偏导数为

$$f_x(0,0) = \lim_{\Delta x \to 0} \dfrac{f(0 + \Delta x, 0)}{\Delta x} = \lim_{\Delta x \to 0} \dfrac{\sqrt{\Delta x^2}}{\Delta x}$$

而 $\lim\limits_{\Delta x \to 0^+} \dfrac{|\Delta x|}{\Delta x} = 1, \lim\limits_{\Delta x \to 0^-} \dfrac{|\Delta x|}{\Delta x} = -1$，所以 $f_x(0,0)$ 不存在，同样有 $f_y(0,0)$ 不存在，因此 $z = \sqrt{x^2 + y^2}$ 在 $(0,0)$ 点处连续，但偏导数不存在.

3. 求函数 $z = \ln(2 + x^2 + y^2)$ 在 $x = 2, y = 1$ 时的全微分.

解　$dz = \dfrac{x}{2 + x^2 + y^2}\bigg|_{\substack{x=2\\y=1}} dx + \dfrac{y}{2 + x^2 + y^2}\bigg|_{\substack{x=2\\y=1}} dy = \dfrac{4}{7}dx + \dfrac{2}{7}dy$

4. 设 $f(x,y) = \ln(\sqrt{x} + \sqrt{y})$，证明：$x\dfrac{\partial f}{\partial x} + y\dfrac{\partial f}{\partial y} = \dfrac{1}{2}$.

证明　由于 $\dfrac{\partial f}{\partial x} = \dfrac{1}{\sqrt{x} + \sqrt{y}} \cdot \dfrac{1}{2\sqrt{x}}$，$\dfrac{\partial f}{\partial y} = \dfrac{1}{\sqrt{x} + \sqrt{y}} \cdot \dfrac{1}{2\sqrt{y}}$，因此

$$x\dfrac{\partial f}{\partial x} + y\dfrac{\partial f}{\partial y} = \dfrac{\sqrt{x}}{2(\sqrt{x} + \sqrt{y})} + \dfrac{\sqrt{y}}{2(\sqrt{x} + \sqrt{y})} = \dfrac{1}{2}$$

5. 设 $u = \sqrt{x^2 + y^2 + z^2}$，证明：$\dfrac{\partial^2 u}{\partial x^2} + \dfrac{\partial^2 u}{\partial y^2} + \dfrac{\partial^2 u}{\partial z^2} = \dfrac{2}{u}$.

证明　由于

$$\dfrac{\partial u}{\partial x} = \dfrac{x}{\sqrt{x^2 + y^2 + z^2}}, \qquad \dfrac{\partial^2 u}{\partial x^2} = \dfrac{\sqrt{x^2 + y^2 + z^2} - x \cdot \dfrac{x}{\sqrt{x^2 + y^2 + z^2}}}{x^2 + y^2 + z^2} = \dfrac{y^2 + z^2}{(x^2 + y^2 + z^2)^{\frac{3}{2}}}$$

利用 x,y,z 的对称性可得：$\dfrac{\partial^2 u}{\partial y^2} = \dfrac{x^2 + z^2}{(x^2 + y^2 + z^2)^{\frac{3}{2}}}$，$\dfrac{\partial^2 u}{\partial z^2} = \dfrac{x^2 + y^2}{(x^2 + y^2 + z^2)^{\frac{3}{2}}}$，因此

$$\dfrac{\partial^2 u}{\partial x^2} + \dfrac{\partial^2 u}{\partial y^2} + \dfrac{\partial^2 u}{\partial z^2} = \dfrac{2(x^2 + y^2 + z^2)}{(x^2 + y^2 + z^2)^{\frac{3}{2}}} = \dfrac{2}{\sqrt{x^2 + y^2 + z^2}} = \dfrac{2}{u}$$

*6. 计算 $(1.97)^{1.05}$ 的近似值.

解　设函数 $f(x,y) = x^y$，显然，要计算的值就是函数在 $x = 1.97$，$y = 1.05$ 时的函数值 $f(1.97, 1.05)$，取 $x = 2$，$y = 1$，$\Delta x = -0.03$，$\Delta y = 0.05$，由于

$$f(2,1) = 2, f_x(x,y) = yx^{y-1}, \quad f_y(x,y) = x^y \ln x, \quad f_x(2,1) = 1, \quad f_y(2,1) = 2\ln 2$$

所以 $(1.97)^{1.05} \approx 2 + 1 \times (-0.03) + 2\ln 2 \times 0.05 = 2.039$.

*7. 测得一块三角形土地的两边长分别为 (63 ± 0.1) m 和 (78 ± 0.1) m，这两边的夹角为 $60° \pm 1°$，试求三角形面积的近似值，并求其绝对误差和相对误差.

解　三角形面积为 $S = \dfrac{1}{2}ab\sin\theta$，

$$\Delta S \approx |dS| = \left| \dfrac{1}{2}b\sin\theta\Delta a + \dfrac{1}{2}a\sin\theta\Delta b + \dfrac{1}{2}ab\cos\theta\Delta\theta \right| \leqslant$$

$$\dfrac{1}{2}b\sin\theta|\Delta a| + \dfrac{1}{2}a\sin\theta|\Delta b| + \dfrac{1}{2}ab\cos\theta|\Delta\theta|$$

当 $a = 63$，$b = 78$，$\theta = 60° = \dfrac{\pi}{3}$，$|\Delta a| \leqslant 0.1$，$|\Delta b| \leqslant 0.1$，$|\Delta\theta| \leqslant \dfrac{\pi}{180}$ 时，$|\Delta S| \leqslant 27.6$，又

$S = \dfrac{1}{2}ab\sin\theta \approx 21.28$，所以 $\left| \dfrac{\Delta S}{S} \right| \leqslant \dfrac{27.6}{21.28} = 1.309$.

8. 已知边长为 $x = 6$ m 与 $y = 8$ m 的矩形，如果 x 边增加 2 cm，而 y 边减少 5 cm，那么这个矩形的对角线的近似值变化是怎样的？

解　对角线的改变量为 $\Delta l = \sqrt{(x + 0.02)^2 + (y - 0.05)^2} - \sqrt{x^2 + y^2}$，因为 $\Delta l \approx dl$

$$dl = \frac{\partial l}{\partial x}\Big|_{\substack{x=6 \\ y=8}} \Delta x + \frac{\partial l}{\partial y}\Big|_{\substack{x=6 \\ y=8}} \Delta y = \frac{x}{\sqrt{x^2+y^2}}\Big|_{\substack{x=6 \\ y=8}} (0.02) + \frac{y}{\sqrt{x^2+y^2}}\Big|_{\substack{x=6 \\ y=8}} (-0.05) = -0.028 \text{ m}$$

约减少 2.8 cm

习题 9.4 解答

1. 求下列复合函数的偏导数或导数,并经中间变量代入复合函数后再对自变量求导来验证所得的结果:

$(1)\, z = \dfrac{y}{x}, x = e^t, y = 1 - e^{2t},$ 求 $\dfrac{dz}{dt}$;

$(2)\, z = e^{x-2y}, x = \sin t, y = t^3,$ 求 $\dfrac{dz}{dt}$;

$(3)\, z = u^2 \ln v, u = \dfrac{y}{x}, v = 3y - 2x,$ 求 $\dfrac{\partial z}{\partial x}, \dfrac{\partial z}{\partial y}$;

$(4)\, z = e^u, u = x\sin y,$ 求 $\dfrac{\partial z}{\partial x}, \dfrac{\partial z}{\partial y}$;

$(5)\, z = \arctan(xy), y = e^x,$ 求 $\dfrac{dz}{dx}$;

$(6)\, z = (x^2 + y^2)^{xy},$ 求 $\dfrac{\partial z}{\partial x}, \dfrac{\partial z}{\partial y}$.

解 $(1)\ \dfrac{dz}{dt} = \dfrac{\partial z}{\partial x}\dfrac{dx}{dt} + \dfrac{\partial z}{\partial y}\dfrac{dy}{dt} = -\dfrac{y}{x^2}\cdot e^t + \dfrac{y}{x}\cdot(-2e^{2t}) = -e^t - e^t$

另解 因为 $z = \dfrac{1-e^{2t}}{e^t} = e^{-t} - e^t$,所以 $\dfrac{dz}{dt} = -e^{-t} - e^t$;

$(2)\ \dfrac{dz}{dt} = e^{\sin t - 2t^3}(\cos t - 6t^2)$;

$(3)\ \dfrac{\partial z}{\partial x} = \dfrac{\partial z}{\partial u}\cdot\dfrac{\partial u}{\partial x} + \dfrac{\partial z}{\partial v}\cdot\dfrac{\partial v}{\partial x} = 2u\ln v\left(-\dfrac{y}{x^2}\right) + \dfrac{u^2}{v}(-2) = -\dfrac{2y^2}{x^3}\left[\ln(3y-2x) + \dfrac{x}{3y-2x}\right]$

$\dfrac{\partial z}{\partial y} = \dfrac{\partial z}{\partial u}\cdot\dfrac{\partial u}{\partial y} + \dfrac{\partial z}{\partial v}\cdot\dfrac{\partial v}{\partial y} = 2u\ln v\left(\dfrac{1}{x}\right) + \dfrac{u^2}{v}\cdot 3 = \dfrac{y}{x^2}\left[2\ln(3y-2x) + \dfrac{3y}{3y-2x}\right]$;

$(4)\ \dfrac{\partial z}{\partial x} = \dfrac{dz}{du}\cdot\dfrac{\partial u}{\partial x} = e^u \sin y = e^{x\sin y}\sin y, \dfrac{\partial z}{\partial y} = e^u x\cos y = xe^{x\sin y}\cos y$.

$(5)\ \dfrac{dz}{dx} = \dfrac{e^x(1+x)}{1+x^2 e^{2x}}$;

$(6)\ \dfrac{\partial z}{\partial x} = (x^2+y^2)^{xy-1}y[2x^2 + (x^2+y^2)\ln(x^2+y^2)]$,

$\dfrac{\partial z}{\partial y} = (x^2+y^2)^{xy-1}x[2y^2 + (x^2+y^2)\ln(x^2+y^2)]$.

2. 求下列函数的一阶偏导数(其中 f 具有一阶连续偏导数):

$(1)\, z = f(x^2 + y^2, e^{xy})$; $(2)\, z = f\left(x + \dfrac{1}{y}, y + \dfrac{1}{x}\right)$;

$(3)\, u = f\left(\dfrac{x}{y}, \dfrac{y}{z}\right)$.

解　记 $\dfrac{\partial f}{\partial u} = f_1, \dfrac{\partial f}{\partial v} = f_2$

（1）令 $u = x^2 + y^2, v = \mathrm{e}^{xy}$

$$\frac{\partial z}{\partial x} = \frac{\partial f}{\partial u} \cdot \frac{\partial u}{\partial x} + \frac{\partial f}{\partial v} \cdot \frac{\partial v}{\partial x} = 2xf_1 + y\mathrm{e}^{xy}f_2, \qquad \frac{\partial z}{\partial y} = \frac{\partial f}{\partial u} \cdot \frac{\partial u}{\partial y} + \frac{\partial f}{\partial v} \cdot \frac{\partial v}{\partial y} = 2yf_1 + x\mathrm{e}^{xy}f_2$$

（2）令 $u = x + \dfrac{1}{y}, v = y + \dfrac{1}{x}$

$$\frac{\partial z}{\partial x} = \frac{\partial f}{\partial u} \cdot \frac{\partial u}{\partial x} + \frac{\partial f}{\partial v} \cdot \frac{\partial v}{\partial x} = f_1 - \frac{1}{x^2}f_2, \qquad \frac{\partial z}{\partial y} = \frac{\partial f}{\partial u} \cdot \frac{\partial u}{\partial y} + \frac{\partial f}{\partial v} \cdot \frac{\partial v}{\partial y} = -\frac{1}{y^2}f_1 + f_2$$

（3）令 $s = \dfrac{x}{y}, t = \dfrac{y}{z}$

$$\frac{\partial u}{\partial x} = \frac{\partial f}{\partial s} \cdot \frac{\partial s}{\partial x} + \frac{\partial f}{\partial t} \cdot \frac{\partial t}{\partial x} = \frac{1}{y}f_1, \qquad \frac{\partial u}{\partial y} = \frac{\partial f}{\partial s} \cdot \frac{\partial s}{\partial y} + \frac{\partial f}{\partial t} \cdot \frac{\partial t}{\partial y} = -\frac{x}{y^2}f_1 + \frac{1}{z}f_2$$

$$\frac{\partial u}{\partial z} = \frac{\partial f}{\partial s} \cdot \frac{\partial s}{\partial z} + \frac{\partial f}{\partial t} \cdot \frac{\partial t}{\partial z} = -\frac{y}{z^2}f_2$$

3. 求由下列方程所确定的隐函数的导数或偏导数：

（1）设 $\sin y + \mathrm{e}^x - xy^2 = 0$，求 $\dfrac{\mathrm{d}y}{\mathrm{d}x}$；

（2）设 $x + y + z = \mathrm{e}^{-(x+y+z)}$，求 $\dfrac{\partial z}{\partial x}, \dfrac{\partial z}{\partial y}$；

（3）设 $z^x = y^z$，求 $\dfrac{\partial z}{\partial x}, \dfrac{\partial z}{\partial y}$；

（4）设 $x + 2y + 2z - 2\sqrt{xyz} = 0$，求 $\dfrac{\partial z}{\partial x}, \dfrac{\partial z}{\partial y}$；

（5）设 $2\sin(x + 2y - 3z) = x + 2y - 3z$，证明：$\dfrac{\partial z}{\partial x} + \dfrac{\partial z}{\partial y} = 1$；

（6）设 $\mathrm{e}^z - xyz = 0$，求 $\dfrac{\partial z}{\partial x}, \dfrac{\partial z}{\partial y}$.

解　（1）令 $F(x,y) = \sin y + \mathrm{e}^x - xy^2$，则 $F_x = \mathrm{e}^x - y^2, F_y = \cos y - 2xy$，由公式得

$$\frac{\mathrm{d}y}{\mathrm{d}x} = -\frac{F_x}{F_y} = \frac{y^2 - \mathrm{e}^x}{\cos y - 2xy}$$

（2）$F(x,y,z) = x + y + z - \mathrm{e}^{-(x+y+z)}$，则

$$F_x = 1 + \mathrm{e}^{-(x+y+z)}, \quad F_y = 1 + \mathrm{e}^{-(x+y+z)}, \quad F_z = 1 + \mathrm{e}^{-(x+y+z)}$$

由公式得

$$\frac{\partial z}{\partial x} = -\frac{F_x}{F_z} = -1, \qquad \frac{\partial z}{\partial y} = -\frac{F_y}{F_z} = -1$$

（3）将方程 $z^x = y^z$ 两边取对数得 $x\ln z = z\ln y$，令 $F(x,y,z) = x\ln z - z\ln y$，则

$$F_x = \ln z, \quad F_y = -\frac{z}{y}, \quad F_z = \frac{x}{z} - \ln y$$

由公式得

$$\frac{\partial z}{\partial x} = -\frac{F_x}{F_z} = \frac{\ln z}{\ln y - \dfrac{x}{z}} = \frac{z \ln z}{z \ln y - x}, \qquad \frac{\partial z}{\partial y} = -\frac{F_y}{F_z} = \frac{\dfrac{z}{y}}{\dfrac{x}{z} - \ln y} = \frac{z^2}{y(x - z \ln y)}$$

（4）令 $F(x,y,z) = x + 2y + 2z - 2\sqrt{xyz}$，则

$$F_x = 1 - \frac{\sqrt{yz}}{\sqrt{x}}, \quad F_y = 2 - \frac{\sqrt{xz}}{\sqrt{y}}, \quad F_z = 2 - \frac{\sqrt{xy}}{\sqrt{z}}$$

由公式得

$$\frac{\partial z}{\partial x} = -\frac{F_x}{F_z} = -\frac{1 - \dfrac{\sqrt{yz}}{\sqrt{x}}}{2 - \dfrac{\sqrt{xz}}{\sqrt{z}}} = \frac{yz - \sqrt{xyz}}{2\sqrt{xyz} - xy}, \qquad \frac{\partial z}{\partial y} = -\frac{F_y}{F_z} = -\frac{2 - \dfrac{\sqrt{xz}}{\sqrt{y}}}{2 - \dfrac{\sqrt{xy}}{\sqrt{z}}} = \frac{xz - 2\sqrt{xyz}}{z\sqrt{xyz} - xy}$$

（5）$F = 2\sin(x + 2y - 3z) - x - 2y + 3z$，$F_x = 2\cos(x + 2y - 3z) - 1$，

$F_y = 4\cos(x + 2y - 3z) - 2$，$F_z = -6\cos(x + 2y - 3z) - 3$

$$\frac{\partial z}{\partial x} = -\frac{F_x}{F_z} = \frac{2\cos(x + 2y - 3z) - 1}{6\cos(x + 2y - 3z) - 3}, \qquad \frac{\partial z}{\partial y} = -\frac{F_y}{F_z} = \frac{4\cos(x + 2y - 3z) - 2}{6\cos(x + 2y - 3z) - 3}$$

则 $\dfrac{\partial z}{\partial x} + \dfrac{\partial z}{\partial y} = 1$

（6）$F = e^z - xyz$，$F_x = -yz$，$F_y = -xz$，$F_z = e^z - xy$，

$$\frac{\partial z}{\partial x} = -\frac{F_x}{F_z} = \frac{yz}{e^z - xy}, \qquad \frac{\partial z}{\partial y} = -\frac{F_y}{F_z} = \frac{xz}{e^z - xy}$$

4. 求由下列方程组所确定的隐函数的导数：

（1）$\begin{cases} x + y + z = 0 \\ x^2 + y^2 + z^2 = 1 \end{cases}$，求 $\dfrac{dx}{dz}, \dfrac{dy}{dz}$；

（2）$\begin{cases} x + y + z = 2 \\ x^2 + y^2 + z^2 = 6 \end{cases}$，求 $\dfrac{dy}{dx}, \dfrac{dz}{dx}$.

解　（1）将所给方程组的两边对 z 求导并移项得：$\begin{cases} \dfrac{dx}{dz} + \dfrac{dy}{dz} = -1 \\ 2x\dfrac{dx}{dz} + 2y\dfrac{dy}{dz} = -2z \end{cases}$，由此得

$$\frac{dx}{dz} = \frac{\begin{vmatrix} -1 & 1 \\ -2z & 2y \end{vmatrix}}{\begin{vmatrix} 1 & 1 \\ 2x & 2y \end{vmatrix}} = \frac{2z - 2y}{2y - 2x} = \frac{z - y}{y - x}, \qquad \frac{dy}{dz} = \frac{\begin{vmatrix} 1 & -1 \\ 2x & -2z \end{vmatrix}}{\begin{vmatrix} 1 & 1 \\ 2x & 2y \end{vmatrix}} = \frac{2x - 2z}{2y - 2x} = \frac{x - z}{y - x}$$

（2）将所给的方程两边对 x 求导并移项得：$\begin{cases} y\dfrac{dy}{dx} + z\dfrac{dz}{dx} = -x \\ \dfrac{dy}{dx} + \dfrac{dz}{dx} = -1 \end{cases}$，由此得

$$\frac{dy}{dx} = \frac{\begin{vmatrix} -x & z \\ -1 & 1 \end{vmatrix}}{\begin{vmatrix} y & z \\ 1 & 1 \end{vmatrix}} = \frac{z - x}{y - z}, \quad \frac{dz}{dx} = \frac{\begin{vmatrix} y & -x \\ 1 & -1 \end{vmatrix}}{\begin{vmatrix} y & z \\ 1 & 1 \end{vmatrix}} = \frac{x - y}{y - z}$$

5. 设 $2\sin(x + 2y - 3z) = x + 2y - 3z$, 证明 $\dfrac{\partial z}{\partial x} + \dfrac{\partial z}{\partial y} = 1$.

解　令 $F(x,y,z) = x + 2y - 3z - 2\sin(x + 2y - 3z)$, 则
$F_x = 1 - 2\cos(x + 2y - 3z), F_y = 2 - 4\cos(x + 2y - 3z), F_z = -3 + 6\cos(x + 2y - 3z)$
由公式得

$$\frac{\partial z}{\partial x} = -\frac{F_x}{F_z} = -\frac{1 - 2\cos(x + 2y - 3z)}{-3 + 6\cos(x + 2y - 3z)} = \frac{1}{3}$$

$$\frac{\partial z}{\partial y} = -\frac{F_y}{F_z} = -\frac{2 - 4\cos(x + 2y - 3z)}{-3 + 6\cos(x + 2y - 3z)} = \frac{2}{3}$$

从而有

$$\frac{\partial z}{\partial x} + \frac{\partial z}{\partial y} = 1$$

6. 设 $z = y + F(u), u = x^2 - y^2$, 其中 F 是可微函数, 证明 $y\dfrac{\partial z}{\partial x} + x\dfrac{\partial z}{\partial y} = x$.

证明　因为 $\dfrac{\partial z}{\partial x} = F'(u) \cdot 2x, \dfrac{\partial z}{\partial y} = 1 + F'(u) \cdot (-2y) = 1 - 2yF'(u)$, 所以

$$y\frac{\partial z}{\partial x} + x\frac{\partial z}{\partial y} = 2xyF'(u) + x - 2xyF'(u) = x$$

7. 设 $x = x(y,z), y = y(x,z), z = z(x,y)$ 都是由方程 $F(x,y,z) = 0$ 所确定的具有连续偏导数的函数, 证明 $\dfrac{\partial x}{\partial y} \cdot \dfrac{\partial y}{\partial z} \cdot \dfrac{\partial z}{\partial x} = -1$.

证明　因为 $x = x(y,z), y = y(x,z), z = z(x,y)$ 都是由方程 $F(x,y,z) = 0$ 所确定的具有连续偏导数的函数, 所以由隐函数求导公式有

$$\frac{\partial z}{\partial x} = -\frac{F_x}{F_z}, \quad \frac{\partial x}{\partial y} = -\frac{F_y}{F_x}, \quad \frac{\partial y}{\partial z} = -\frac{F_z}{F_y}$$

从而

$$\frac{\partial x}{\partial y} \cdot \frac{\partial y}{\partial z} \cdot \frac{\partial z}{\partial x} = \left(-\frac{F_y}{F_x}\right)\left(-\frac{F_z}{F_y}\right)\left(-\frac{F_x}{F_z}\right) = -1$$

习题 9.5 解答

1. 求下列方向导数:

(1) 函数 $z = x^2 - y^2$ 在点 $(1,1)$ 处, 沿与 x 轴正向成 $60°$ 角的方向 l 的方向导数.

(2) 函数 $z = x^2 + y^2$ 在点 $(1,2)$ 处, 沿从点 $A(1,2)$ 到点 $B(2,2 + \sqrt{3})$ 的方向 l 的方向导数.

(3) 函数 $u = xy^2 + z^3 - xyz$ 在点 $(1,1,2)$ 处, 沿方向角 $\alpha = \dfrac{\pi}{3}, \beta = \dfrac{\pi}{4}, \gamma = \dfrac{\pi}{3}$ 的方向 l 的方向导数.

(4) 函数 $u = xyz$ 在点 $(5,1,2)$ 处,沿从点 $A(5,1,2)$ 到点 $B(9,4,14)$ 的方向 l 的方向导数.

解 (1) 因为 $\cos \alpha = \dfrac{1}{2}, \cos \beta = \dfrac{\sqrt{3}}{2}, \dfrac{\partial z}{\partial x}\Big|_{(1,1)} = 2, \dfrac{\partial z}{\partial y}\Big|_{(1,1)} = -2$,所以

$$\frac{\partial z}{\partial l}\Big|_{(1,1)} = \frac{\partial z}{\partial x}\Big|_{(1,1)} \cos \alpha + \frac{\partial z}{\partial y}\Big|_{(1,1)} \cos \beta = 2 \times \frac{1}{2} - 2 \times \frac{\sqrt{3}}{2} = 1 - \sqrt{3}$$

(2) 因为 $l = \overrightarrow{AB} = \{1, \sqrt{3}\}$,所以 $\cos \alpha = \dfrac{1}{2}, \cos \beta = \dfrac{\sqrt{3}}{2}$,又 $\dfrac{\partial z}{\partial x}\Big|_{(1,2)} = 2, \dfrac{\partial z}{\partial y}\Big|_{(1,2)} = 4$,从而

$$\frac{\partial z}{\partial l}\Big|_{(1,2)} = \frac{\partial z}{\partial x}\Big|_{(1,2)} \cos \alpha + \frac{\partial z}{\partial y}\Big|_{(1,2)} \cos \beta = 2 \times \frac{1}{2} + 4 \times \frac{\sqrt{3}}{2} = 1 + 2\sqrt{3}$$

(3) 因为 $\cos \alpha = \dfrac{1}{2}, \cos \beta = \dfrac{\sqrt{3}}{2}, \cos \gamma = \dfrac{1}{2}$

$$\frac{\partial u}{\partial x}\Big|_{(1,1,2)} = (y^2 - yz)\big|_{(1,1,2)} = -1, \quad \frac{\partial u}{\partial y}\Big|_{(1,1,2)} = (2xy - xy)\big|_{(1,1,2)} = 0$$

$$\frac{\partial u}{\partial z}\Big|_{(1,1,2)} = (3z^2 - xy)\big|_{(1,1,2)} = 11$$

所以

$$\frac{\partial u}{\partial l}\Big|_{(1,1,2)} = \frac{\partial u}{\partial x}\Big|_{(1,1,2)} \cos \alpha + \frac{\partial u}{\partial y}\Big|_{(1,1,2)} \cos \beta + \frac{\partial u}{\partial z}\Big|_{(1,1,2)} \cos \gamma = 5$$

(4) 因为 $l = \overrightarrow{AB} = \{4,3,12\}, \cos \alpha = \dfrac{4}{13}, \cos \beta = \dfrac{3}{13}, \cos \gamma = \dfrac{12}{13}$

$$\frac{\partial u}{\partial x}\Big|_{(5,1,2)} = yz\big|_{(5,1,2)} = 2, \quad \frac{\partial u}{\partial y}\Big|_{(5,1,2)} = xz\big|_{(5,1,2)} = 10, \quad \frac{\partial u}{\partial z}\Big|_{(5,1,2)} = xy\big|_{(5,1,2)} = 5$$

所以

$$\frac{\partial u}{\partial l}\Big|_{(5,1,2)} = \frac{\partial u}{\partial x}\Big|_{(5,1,2)} \cos \alpha + \frac{\partial u}{\partial y}\Big|_{(5,1,2)} \cos \beta + \frac{\partial u}{\partial z}\Big|_{(5,1,2)} \cos \gamma = \frac{98}{13}$$

2. 求函数 $z = \ln(x + y)$ 在抛物线 $y^2 = 4x$ 上点 $(1,2)$ 处,沿着这抛物线在该点处偏向 x 轴正向的切线方向的方向导数.

解 令 $F(x,y) = y^2 - 4x$,则 $F_x = -4, F_y = 2y$,从而 $\tan \alpha = \dfrac{\mathrm{d}y}{\mathrm{d}x}\Big|_{(1,2)} = -\dfrac{F_x}{F_y}\Big|_{(1,2)} = 1$,即

$$\cos \alpha = \frac{\sqrt{2}}{2}, \quad \cos \beta = \frac{\sqrt{2}}{2}$$

又因为 $\dfrac{\partial z}{\partial x}\Big|_{(1,2)} = \dfrac{1}{x+y}\Big|_{(1,2)} = \dfrac{1}{3}, \dfrac{\partial z}{\partial y}\Big|_{(1,2)} = \dfrac{1}{x+y}\Big|_{(1,2)} = \dfrac{1}{3}$,所以

$$\frac{\partial z}{\partial l}\Big|_{(1,2)} = \frac{\partial z}{\partial x}\Big|_{(1,2)} \cos \alpha + \frac{\partial z}{\partial y}\Big|_{(1,2)} \cos \beta = \frac{\sqrt{2}}{3}$$

3. 求函数 $u = x^2 + y^2 + z^2$ 在曲线 $x = t, y = t^2, z = t^3$ 上点 $(1,1,1)$ 处,沿曲线在该点的

切线正方向(对应于 t 增大的方向) 的方向导数.

解　因为曲线 $\begin{cases} x = t \\ y = t^2 \\ z = t^3 \end{cases}$ 在点 $(1,1,1)$ 处的切向量为 $\boldsymbol{T} = \{1,2,3\}$，即 $\boldsymbol{l} = \boldsymbol{T} = \{1,2,3\}$，

所以 $\cos \alpha = \dfrac{1}{\sqrt{14}}, \cos \beta = \dfrac{2}{\sqrt{14}}, \cos \gamma = \dfrac{3}{\sqrt{14}}$，由于

$$\frac{\partial u}{\partial x}\Big|_{(1,1,1)} = 2, \quad \frac{\partial u}{\partial y}\Big|_{(1,1,1)} = 2, \quad \frac{\partial u}{\partial z}\Big|_{(1,1,1)} = 2$$

因此

$$\frac{\partial u}{\partial \boldsymbol{l}}\Big|_{(1,1,1)} = \frac{\partial u}{\partial x}\Big|_{(1,1,1)} \cos \alpha + \frac{\partial u}{\partial y}\Big|_{(1,1,1)} \cos \beta + \frac{\partial u}{\partial z}\Big|_{(1,1,1)} \cos \gamma = \frac{6}{7}\sqrt{14}$$

4. 设 $f(x,y,z) = x^2 + 2y^2 + 3z^2 + xy + 3x - 2y - 6z$，求 $\mathbf{grad}\, f(0,0,0)$ 及 $\mathbf{grad}\, f(1,1,1)$.

解　因为

$$\frac{\partial f}{\partial x}\Big|_{(0,0,0)} = (2x + y + 3)|_{(0,0,0)} = 3, \quad \frac{\partial f}{\partial x}\Big|_{(1,1,1)} (2x + y + 3)|_{(1,1,1)} = 6$$

$$\frac{\partial f}{\partial y}\Big|_{(0,0,0)} = (4y + x - 2)|_{(0,0,0)} = -2, \quad \frac{\partial f}{\partial y}\Big|_{(1,1,1)} (4y + x - 2)|_{(1,1,1)} = 3$$

$$\frac{\partial f}{\partial z}\Big|_{(0,0,0)} = (6z - 6)|_{(0,0,0)} = -6, \quad \frac{\partial f}{\partial z}\Big|_{(1,1,1)} (6z - 6)|_{(1,1,1)} = 0$$

所以

$$\mathbf{grad}\, f(0,0,0) = \left\{\frac{\partial f}{\partial x}, \frac{\partial f}{\partial y}, \frac{\partial f}{\partial z}\right\}\Big|_{(0,0,0)} = \{3, -2, -6\}$$

$$\mathbf{grad}\, f(1,1,1) = \left\{\frac{\partial f}{\partial x}, \frac{\partial f}{\partial y}, \frac{\partial f}{\partial z}\right\}\Big|_{(1,1,1)} = \{6, 3, 0\}$$

5. 求函数 $z = \sqrt{xy}$ 在点 $(4,2)$ 处的最大变化率.

解　因为 $\dfrac{\partial z}{\partial x}\Big|_{(4,2)} = \dfrac{y}{2\sqrt{xy}}\Big|_{(4,2)} = \dfrac{\sqrt{2}}{4}, \dfrac{\partial z}{\partial y}\Big|_{(4,2)} = \dfrac{x}{2\sqrt{xy}}\Big|_{(4,2)} = \dfrac{\sqrt{2}}{2}$，所以

$$\mathbf{grad}\, z(4,2) = \left\{\frac{\sqrt{2}}{4}, \frac{\sqrt{2}}{2}\right\}$$

又函数 $z = \sqrt{xy}$ 在点 $(4,2)$ 处沿梯度方向的变化率最大，所以

$$\max\left(\frac{\partial z}{\partial \boldsymbol{l}}\right) = |\mathbf{grad}\, z(4,2)| = \sqrt{\frac{2}{16} + \frac{2}{4}} = \frac{\sqrt{10}}{4}$$

6. 问函数 $u = xy^2z$ 在点 $P(1, -1, 2)$ 处沿什么方向的方向导数最大？并求此方向导数的最大值.

解　函数 $u = xy^2z$ 在点 $P(1, -1, 2)$ 处沿梯度方向的方向导数最大，因为

$$\frac{\partial u}{\partial x}\Big|_{(1,-1,2)} = y^2z|_{(1,-1,2)} = 2, \quad \frac{\partial u}{\partial y}\Big|_{(1,-1,2)} = 2xyz|_{(1,-1,2)} = -4$$

$$\frac{\partial u}{\partial z}\Big|_{(1,-1,2)} = xy^2|_{(1,-1,2)} = 1$$

所以 $\mathbf{grad}\, u(1,-1,2)=\{2,-4,1\}$ 且

$$\max\left(\frac{\partial u}{\partial l}\right)=|\mathbf{grad}\, z(1,-1,2)|=\sqrt{2^2+(-4)^2+1^2}=\sqrt{21}$$

习题 9.6 解答

1. 求下列空间曲面在指定点处的切平面与法线方程:

(1)$z=y+\ln\dfrac{x}{y}$,在点$(1,1,1)$处;

(2)$\mathrm{e}^z-z+xy=3$,在点$(2,1,0)$处.

(3) 求曲面 $x^2+y^2+z^2=1$ 上平行于平面 $x-y+2z=0$ 的切平面方程.

解 (1) 令 $F(x,y,z)=y+\ln\dfrac{x}{y}-z$,则 $F_x=\dfrac{1}{x},F_y=1-\dfrac{1}{y},F_z=-1$,从而

$$F_x(1,1,1)=1,\quad F_y(1,1,1)=0,\quad F_z(1,1,1)=-1$$

故取法向量 $\mathbf{n}=\{1,0,-1\}$,于是,切平面方程为 $1(x-1)+0(y-1)+(-1)(z-1)=0$,即

$$x-z=0$$

法线方程为

$$\frac{x-1}{1}=\frac{y-1}{0}=\frac{z-1}{-1}$$

即

$$\begin{cases}x+z=2\\y=1\end{cases}$$

(2) 令 $F(x,y,z)=\mathrm{e}^z-z+xy-3$,则 $F_x=y,F_y=x,F_z=\mathrm{e}^z-1$,从而

$$F_x(2,1,0)=1,\quad F_y(2,1,0)=2,\quad F_z(2,1,0)=0$$

故取法向量 $\mathbf{n}=\{1,2,0\}$,于是切平面方程为 $1(x-2)+2(y-1)+0(z-0)=0$,即
$$x+2y-4=0$$

法线方程为

$$\frac{x-2}{1}=\frac{y-1}{2}=\frac{z-0}{0}$$

即

$$\begin{cases}2x-y=3\\z=0\end{cases}$$

(3)$F(x,y,z)=x^2+y^2+z^2-1,F_x(x,y,z)=2x,F_y(x,y,z)=2y,F_z(x,y,z)=2z$,因为切平面平行于平面 $x-y+2z=0$,所以有

$$\frac{2x}{1}=\frac{2y}{-1}=\frac{2z}{2}$$

则 $y=x,z=2x$,代入曲面方程,求曲面上的点为

$$\left(\pm\frac{1}{\sqrt{6}},\ \pm\frac{1}{\sqrt{6}},\ \pm\frac{2}{\sqrt{6}}\right)$$

切平面的法向量为 $(1, -1, 2)$, 切平面方程为

$$x - y + 2z = \pm 2\sqrt{\frac{2}{3}}$$

2. 求下列空间曲线在指定点处的切线与法平面方程:

(1) 曲线 $\begin{cases} x = t - \cos t \\ y = 3 + \sin 2t \\ z = 1 + \cos 3t \end{cases}$ 在对应于 $t = \dfrac{\pi}{2}$ 的点处;

(2) $\begin{cases} y^2 + z^2 = 25 \\ x^2 + y^2 = 10 \end{cases}$ 在点 $(1, 3, 4)$ 处.

(3) 求出曲线 $\begin{cases} x = t \\ y = t^2 \\ z = t^3 \end{cases}$ 上的点, 使在该点的切线平行于平面 $x + 2y + z = 4$.

解　(1) 因为 $x' = 1 + \sin t, y' = 2\cos 2t, z' = -3\sin 3t$, 故

$$x'\left(\frac{\pi}{2}\right) = 2, \quad y'\left(\frac{\pi}{2}\right) = -2, \quad z'\left(\frac{\pi}{2}\right) = 3$$

从而切向量 $\boldsymbol{T} = \{2, -2, 3\}$, 切线方程为 $\dfrac{x - \frac{\pi}{2}}{2} = \dfrac{y - 3}{-2} = \dfrac{z - 1}{3}$; 法平面方程为

$2\left(x - \dfrac{\pi}{2}\right) + (-2)(y - 3) + 3(z - 1) = 0$, 即 $2x - 2y + 2z = \pi - 3$.

(2) 曲线 $\begin{cases} y^2 + z^2 = 25 \\ x^2 + y^2 = 10 \end{cases}$ 是曲面 $y^2 + z^2 = 25$ 与曲面 $x^2 + y^2 = 10$ 的交线, 点 $(1, 3, 4)$ 在曲线上, 曲线在点 $(1, 3, 4)$ 的切向量 $\boldsymbol{T}$ 既在曲面 $y^2 + z^2 = 25$ 过 $(1, 3, 4)$ 的切平面上, 又在曲面 $x^2 + y^2 = 10$ 过 $(1, 3, 4)$ 的切平面上, 而这两个平面的法向量分别为

$$\boldsymbol{n}_1 = \{0, 2y, 2z\}\,|_{(1,3,4)} = \{0, 6, 8\}, \quad \boldsymbol{n}_2 = \{2x, 2y, 0\}\,|_{(1,3,4)} = \{2, 6, 0\}$$

$$\boldsymbol{T} = \boldsymbol{n}_1 \times \boldsymbol{n}_2 = \begin{vmatrix} \boldsymbol{i} & \boldsymbol{j} & \boldsymbol{k} \\ 0 & 6 & 8 \\ 2 & 6 & 0 \end{vmatrix} = -48\boldsymbol{i} + 16\boldsymbol{j} - 12\boldsymbol{k}$$

因此曲线在 $(1, 3, 4)$ 的切线方程为 $\dfrac{x - 1}{12} = \dfrac{y - 3}{-4} = \dfrac{z - 4}{3}$, 法平面方程为

$$12(x - 1) + (-4)(y - 3) + 3(z - 4) = 0$$

即

$$12x - 4y + 3z = 12$$

(3) 曲线上某点的切向量为 $\boldsymbol{T} = (1, 2t, 3t^2)$, 平面的法向量为 $\boldsymbol{n} = (1, 2, 1)$, 由于切向量与法向量垂直, 所以 $1 \times 1 + 2 \times 2t + 1 \times 3t^2 = 0$, 求得 $t_1 = -1, t_2 = -\dfrac{1}{3}$, 则求得曲线上的点为

$$M_1(-1, 1, -1) \text{ 及 } M_2\left(-\frac{1}{3}, \frac{1}{9}, -\frac{1}{27}\right)$$

3. 求下列函数的极值:

(1) $z = 4(x - y) - x^2 - y^2$;

(2) $z = x^3 + y^3 - 3xy$.

解 (1) 先解方程组 $\begin{cases} z_x = 4 - 2x = 0 \\ z_y = -4 - 2y = 0 \end{cases}$,求得驻点 $(2, -2)$,再求二阶偏导数

$$z_{xx} = -2, \quad z_{xy} = 0, \quad z_{yy} = -2, \text{故} AC - B^2 = 4 > 0, \quad A = -2 < 0$$

所以函数在 $(2, -2)$ 处有极大值 $z(2, -2) = 8$;

(2) 先解方程组 $\begin{cases} z_x = 3x^2 - 3y = 0 \\ z_y = 3y^2 - 3x = 0 \end{cases}$,求得驻点 $(0,0),(1,1)$,再求二阶偏导数

$$z_{xx} = 6x, \quad z_{xy} = -3, \quad z_{yy} = 6y$$

在 $(0,0)$ 处,$A = 0, B = -3, C = 0$,故 $AC - B^2 = -9 < 0$,所以 $(0,0)$ 不是极值;

在 $(1,1)$ 处,$A = 6, B = -3, C = 6$,故 $AC - B^2 = 27 > 0, A = 6 > 0$,所以函数在 $(1,1)$ 处有极小值 $z(1,1) = -1$.

4. 用拉格朗日乘数法求下列条件极值的可能极值点,并用无条件极值的方法确定是否取得极值:

(1) 目标函数 $z = xy$,约束条件 $x + y = 1$;

(2) 目标函数 $z = x^2 + y^2$,约束条件 $\dfrac{x}{a} + \dfrac{y}{b} = 1$;

(3) 目标函数 $u = x - 2y + 2z$,约束条件 $x^2 + y^2 + z^2 = 1$.

解 (1) 构造函数 $F(x, y, \lambda) = xy + \lambda(x + y - 1)$,解方程组

$$\begin{cases} F_x(x, y, \lambda) = y + \lambda = 0 \\ F_y(x, y, \lambda) = x + \lambda = 0 \\ F_\lambda(x, y, \lambda) = x + y - 1 = 0 \end{cases}$$

得点 $\left(\dfrac{1}{2}, \dfrac{1}{2}\right)$,把条件 $x + y = 1$ 代入 $z = xy$ 得 $z = x(1 - x)$,令 $z' = 1 - 2x = 0$,故 $x = \dfrac{1}{2}$,又 $z'' = -2 < 0$,所以极大值为 $z\left(\dfrac{1}{2}, \dfrac{1}{2}\right) = \dfrac{1}{4}$;

(2) 构造函数 $F(x, y, \lambda) = x^2 + y^2 + \lambda\left(\dfrac{x}{a} + \dfrac{y}{b} - 1\right)$,解方程组

$$\begin{cases} F_x(x, y, \lambda) = 2x + \dfrac{\lambda}{a} = 0 \\ F_y(x, y, \lambda) = 2y + \dfrac{\lambda}{b} = 0 \\ F_\lambda(x, y, \lambda) = \dfrac{x}{a} + \dfrac{y}{b} - 1 = 0 \end{cases}$$

得点$(\dfrac{ab^2}{a^2+b^2}, \dfrac{a^2b}{a^2+b^2})$, 把条件$\dfrac{x}{a} + \dfrac{y}{b} = 1$代入$z = x^2 + y^2$得$z = x^2 + b^2(1 - \dfrac{x}{a})^2$, 令

$z' = 2x - \dfrac{2b^2}{a}(1 - \dfrac{x}{a}) = 0$, 故$x = \dfrac{ab^2}{a^2+b^2}$, 又$z'' = 2 + \dfrac{2b^2}{a^2} > 0$, 所以极小值为

$z(\dfrac{ab^2}{a^2+b^2}, \dfrac{a^2b}{a^2+b^2}) = \dfrac{a^2b^2}{a^2+b^2}$;

(3) 构造函数$F(x,y,\lambda) = x - 2y + 2z + \lambda(x^2 + y^2 + z^2 - 1)$, 解方程组

$$\begin{cases} F_x(x,y,z,\lambda) = 1 + 2\lambda x = 0 \\ F_y(x,y,z,\lambda) = -2 + 2\lambda y = 0 \\ F_z(x,y,z,\lambda) = 2 + 2\lambda z = 0 \\ F_\lambda(x,y,z,\lambda) = x^2 + y^2 + z^2 - 1 = 0 \end{cases}$$

得点$(\dfrac{1}{3}, -\dfrac{2}{3}, \dfrac{2}{3})$, $(-\dfrac{1}{3}, \dfrac{2}{3}, -\dfrac{2}{3})$, 把条件$z = \sqrt{1 - x^2 - y^2}$代入$u = x - 2y + 2z$得

$u = x - 2y + 2\sqrt{1 - x^2 - y^2}$, 令 $\begin{cases} u_x = 1 + \dfrac{2x}{\sqrt{1 - x^2 - y^2}} = 0 \\ u_y = -2 + \dfrac{2y}{\sqrt{1 - x^2 - y^2}} = 0 \end{cases}$ 得驻点$(-\dfrac{1}{3}, -\dfrac{2}{3})$, 又

$$u_{xx} = \dfrac{2(y^2-1)}{(1-x^2-y^2)^{\frac{3}{2}}}, \quad u_{xy} = \dfrac{-2xy}{(1-x^2-y^2)^{\frac{3}{2}}}, \quad u_{yy} = \dfrac{2(x^2-1)}{(1-x^2-y^2)^{\frac{3}{2}}}$$

在点$(\dfrac{1}{3}, -\dfrac{2}{3})$处$A = -\dfrac{15}{4}$, $B = -\dfrac{3}{2}$, $C = -6$, $AC - B^2 > 0$, $A < 0$, 所以

$u(\dfrac{1}{3}, -\dfrac{2}{3}, \dfrac{2}{3}) = 3$为极大值, 同理可知$u(-\dfrac{1}{3}, \dfrac{2}{3}, -\dfrac{2}{3}) = -3$为极小值.

5. 求出曲线$x = t, y = t^2, z = t^3$上的点, 使得该点的切线平行于平面$x + 2y + z = 4$.

解 曲线$\begin{cases} x = t \\ y = t^2 \\ z = t^3 \end{cases}$的切向量$\boldsymbol{T} = \{1, 2t, 3t^2\}$, 由于切线平行于平面$x + 2y + z = 4$, 故

$1 \cdot 1 + 2t \cdot 2 + 3t^2 \cdot 1 = 0$, 即$3t^2 + 4t + 1 = 0$, 从而得$t = -1, t = -\dfrac{1}{3}$, 所求点为$(-1, 1,$

$-1)$和$(-\dfrac{1}{3}, \dfrac{1}{9}, -\dfrac{1}{27})$.

6. 求曲面$\dfrac{x^2}{2} + y^2 + \dfrac{z^2}{4} = 1$上平行于平面$2x + 2y + z + 5 = 0$的切平面方程.

解 令$F(x,y,z) = \dfrac{x^2}{2} + y^2 + \dfrac{z^2}{4} - 1$, 则

$F_x = x, F_y = 2y, F_z = \dfrac{z}{2}$, 记$M_0(x_0, y_0, z_0)$是曲面$\dfrac{x^2}{2} + y^2 + \dfrac{z^2}{4} = 1$上的任一点, 则曲面在$M_0$处的法向量为

$$\boldsymbol{n} = \{F_x(M_0), F_y(M_0), F_z(M_0)\} = \{x_0, 2y_0, \dfrac{z_0}{2}\}$$

切平面与平面 $2x + 2y + z + 5 = 0$ 平行, 故 $\dfrac{x_0}{2} = \dfrac{2y_0}{2} = \dfrac{\frac{1}{2}z_0}{1} = \lambda$, 且 $2x_0 + 2y_0 + z_0 + 5 \neq 0$,

又 M_0 在曲面 $\dfrac{x^2}{2} + y^2 + \dfrac{z^2}{4} = 1$ 上, 故 $\dfrac{x_0^{\ 2}}{2} + y_0^{\ 2} + \dfrac{z_0^{\ 2}}{4} = 1$, 即 $\dfrac{1}{2}(2\lambda)^2 + \lambda^2 + \dfrac{1}{4}(2\lambda)^2 = 1$,

$\lambda = \pm\dfrac{1}{2}$, 于是 $(x_0, y_0, z_0) = \pm\left(1, \dfrac{1}{2}, 1\right)$, 相应的切平面方程为

$$(x - 1) + \left(y - \dfrac{1}{2}\right) + \dfrac{1}{2}(z - 1) = 0, \quad -(x - 1) - \left(y - \dfrac{1}{2}\right) - \dfrac{1}{2}(z - 1) = 0$$

即

$$x + y + \dfrac{1}{2}z - 2 = 0, \quad x + y + \dfrac{1}{2}z + 2 = 0$$

7. 在曲面 $z = xy$ 上求一点, 使得曲面在该点的法线垂直于平面 $x + 3y + z + 9 = 0$, 并求此法线方程.

解 设 $M_0(x_0, y_0, z_0)$ 是曲面 $z = xy$ 上的所求点, 则曲面在该点的法向量为
$$\boldsymbol{n} = \{y_0, x_0, -1\}$$

法线与平面 $x + 3y + z + 9 = 0$ 垂直 $\Leftrightarrow \dfrac{y_0}{1} = \dfrac{x_0}{3} = \dfrac{-1}{1}$, 故 $x_0 = -3, y_0 = -1, z_0 = 3$, 相应的

法线方程为 $\dfrac{x + 3}{1} = \dfrac{y + 1}{3} = \dfrac{z - 3}{1}$.

8. 在平面 $x + y + z = 1$ 上求一点, 使它与两定点 $(1, 0, 1), (2, 0, 1)$ 的距离平方和为最小.

解 设平面 $x + y + z = 1$ 上的点为 $M(x, y, z)$, 则 M 与两定点 $(1, 0, 1), (2, 0, 1)$ 的距离为
$$d_1^{\ 2} = (x - 1)^2 + y^2 + (z - 1)^2, \quad d_2^{\ 2} = (x - 2)^2 + y^2 + (z - 1)^2$$
问题归结为在约束条件 $x + y + z = 1$ 下, 求

$d = (x - 1)^2 + y^2 + (z - 1)^2 + (x - 2)^2 + y^2 + (z - 1)^2 = 2x^2 + 2y^2 + 2z^2 - 6x - 4z + 7$

的最小值点. 构造拉格朗日函数
$$L(x, y, z, \lambda) = 2x^2 + 2y^2 + 2z^2 - 6x - 4z + 7 + \lambda(x + y + z - 1)$$
解方程组

$$\begin{cases} L_x = 4x - 6 + \lambda = 0 \\ L_y = 4y + \lambda = 0 \\ L_z = 4z - 4 + \lambda = 0 \\ L_\lambda = x + y + z - 1 = 0 \end{cases}$$

由方程组的前三个方程得 $x = \dfrac{1}{4}(6 - \lambda), y = -\dfrac{\lambda}{4}, z = \dfrac{1}{4}(4 - \lambda)$, 代入方程组的最后一个

方程得 $-\dfrac{3}{4}\lambda + \dfrac{3}{2} + 1 - 1 = 0$, 即 $\lambda = 2$, 从而 $x = 1, y = -\dfrac{1}{2}, z = \dfrac{1}{2}$. 由实际问题考虑, 最

小值点一定存在且驻点是唯一的, 从而在平面 $x + y + z = 1$ 上的点 $\left(1, -\dfrac{1}{2}, \dfrac{1}{2}\right)$ 处, 与两

定点 $(1, 0, 1), (2, 0, 1)$ 的距离平方和为最小.

9. 用铁板制作一个长方体的箱子, 要使其表面积为 $96\ \mathrm{m}^3$. 问: 怎样的尺寸才可使箱子

的容积最大？并求最大容积.

解 设箱子的长、宽、高分别为 x,y,z，则箱子的容积 $V = xyz$，由于限定表面积为 $96\ \text{m}^2$，则有 $2xy + 2yz + 2xz = 96$，即 $xy + yz + xz = 48$，问题归结为在约束条件 $xy + yz + xz = 48$ 下，求 $V = xyz$ 的最大值，根据实际情况知 x,y,z 都大于零. 构造拉格朗日函数：

$$L(x,y,z,\lambda) = xyz + \lambda(xy + yz + xz - 48)$$

解方程组

$$\begin{cases} L_x = yz + \lambda(y + z) = 0 \\ L_y = xz + \lambda(x + z) = 0 \\ L_z = xy + \lambda(x + y) = 0 \\ L_\lambda = xy + yz + xz - 48 = 0 \end{cases}$$

方程组的前三个方程分别乘 x,y,z，则分别有

$$xyz = -\lambda(xy + xz), \quad xyz = -\lambda(xy + yz), \quad xyz = -\lambda(xz + yz)$$

于是 $xy + xz = xy + yz = xz + yz$，由于 $x > 0, y > 0, z > 0$，故 $x = y = z$，再代入原方程组的最后一个方程可得 $3x^2 = 48$，即 $x = 4$，从而 $y = z = 4$. 由实际问题考虑，容积的最大值一定存在且驻点是唯一的，从而长、宽、高都为 $4\ \text{m}$ 时，容积最大，此时的容积为 $V = 64\ \text{m}^3$.

10. 试证曲面 $\sqrt{x} + \sqrt{y} + \sqrt{z} = \sqrt{a}\,(a > 0)$ 上任何点处的切平面在各坐标轴上的截距之和等于 a.

证明 令 $F(x,y,z) = \sqrt{x} + \sqrt{y} + \sqrt{z} + \sqrt{a}$，则 $F_x = \dfrac{1}{2\sqrt{x}}, F_y = \dfrac{1}{2\sqrt{y}}, F_z = \dfrac{1}{2\sqrt{z}}$，记 $M_0(x_0,y_0,z_0)$ 是曲面 $\sqrt{x} + \sqrt{y} + \sqrt{z} = \sqrt{a}$ 上的任一点，故曲面在该点的法向量为

$$\boldsymbol{n} = \left\{\frac{1}{2\sqrt{x_0}}, \frac{1}{2\sqrt{y_0}}, \frac{1}{2\sqrt{z_0}}\right\}$$

从而切平面为 $\dfrac{1}{\sqrt{x_0}}(x - x_0) + \dfrac{1}{\sqrt{y_0}}(y - y_0) + \dfrac{1}{\sqrt{z_0}}(z - z_0) = 0$，即

$$\frac{x}{\sqrt{x_0}} + \frac{y}{\sqrt{y_0}} + \frac{z}{\sqrt{z_0}} = \sqrt{x_0} + \sqrt{y_0} + \sqrt{z_0}$$

由于 $M_0(x_0,y_0,z_0)$ 在曲面上，故 $\dfrac{x}{\sqrt{x_0}} + \dfrac{y}{\sqrt{y_0}} + \dfrac{z}{\sqrt{z_0}} = \sqrt{a}$，从而切平面在各个坐标轴的截距分别为 $\sqrt{ax_0}, \sqrt{ay_0}, \sqrt{az_0}$，所以 $\sqrt{ax_0} + \sqrt{ay_0} + \sqrt{az_0} = \sqrt{a}(\sqrt{x_0} + \sqrt{y_0} + \sqrt{z_0}) = a$.

9.4 验收测试题

1. 选择题

（1）函数 $z = \ln(xy)$ 的定义域为_____；

A. $x \geq 0, y \geq 0$ B. $x \geq 0, y \geq 0$；或 $x \leq 0, y \leq 0$

C. $x < 0, y < 0$ D. $x > 0, y > 0$；或 $x < 0, y < 0$

(2) $\lim\limits_{\substack{x\to 0 \\ y\to 0}} \dfrac{xy}{1+x^2y^2} =$ _____;

A. $\dfrac{1}{2}$ B. $\dfrac{1}{3}$ C. 0   D. 不存在

(3) 设 $z=f(x,y)$，则 $\dfrac{\partial z}{\partial y}\Big|_{(x_0,y_0)} =$ _____;

A. $\lim\limits_{\Delta y\to 0} \dfrac{f(x_0+\Delta x,y_0+\Delta y)-f(x_0,y_0)}{\Delta y}$ B. $\lim\limits_{\Delta y\to 0} \dfrac{f(x_0,y_0+\Delta y)-f(x_0,y_0)}{\Delta y}$

C. $\lim\limits_{\Delta y\to 0} \dfrac{f(x,y_0+\Delta y)-f(x_0,y_0)}{\Delta y}$ D. $\lim\limits_{\Delta y\to 0} \dfrac{f(x,y+\Delta y)-f(x,y)}{\Delta y}$

(4) 函数 $z=f(x,y)$ 在点 $P_0(x_0,y_0,z_0)$ 处的两个偏导数 $\dfrac{\partial z}{\partial x}$ 和 $\dfrac{\partial z}{\partial y}$ 存在是它在 P_0 处可微的

_____;

A. 充分条件   B. 必要条件   C. 充要条件   D. 无关条件

(5) 设函数 $f(x,y)$ 在点 (x_0,y_0) 的某邻域中有定义，则下列结论正确的是_____;

A. 若 $f_x(x_0,y_0)$，$f_y(x_0,y_0)$ 都存在，则 $f(x,y)$ 在点 (x_0,y_0) 处连续

B. 若 $f_x(x_0,y_0)$，$f_y(x_0,y_0)$ 都存在，则 $f(x,y)$ 在点 (x_0,y_0) 处可微

C. 若 $f_x(x_0,y_0)$，$f_y(x_0,y_0)$ 都不存在，则 $f(x,y)$ 在点 (x_0,y_0) 处不连续

D. 若 $f_x(x_0,y_0)$，$f_y(x_0,y_0)$ 都在点 (x_0,y_0) 处连续，则 $f(x,y)$ 在点 (x_0,y_0) 处连续

(6) 设 $z=\ln\sqrt{x^2+y^2}$，则 $x\dfrac{\partial z}{\partial x}+y\dfrac{\partial z}{\partial y} =$ _____;

A. 1   B. 2   C. $\sqrt{x^2+y^2}$ D. $2\sqrt{x^2+y^2}$

(7) 函数 $f(x,y)=\sqrt{x^2+y^2}$ 在点 $(0,0)$ 处_____;

A. 连续   B. 不连续   C. 可微   D. 偏导数存在

(8) 设曲面 $z=x^2-xy+y^2$ 在点 $M(3,2,7)$ 处的切平面为 S，则点 $N(1,1,-1)$ 到平面 S 的距离为_____;

A. $\dfrac{1}{3\sqrt{2}}$ B. $\dfrac{\sqrt{2}}{3}$ C. $\dfrac{2\sqrt{2}}{3}$ D. $\dfrac{4\sqrt{2}}{3}$

(9) 函数 $z=xy$ 在条件 $x^2+y^2=1$ 下的最大值为_____;

A. $-\dfrac{1}{2}$ B. 0   C. 1   D. $\dfrac{1}{2}$

(10) 若 $f_x(x_0,y_0)=0$，$f_y(x_0,y_0)=0$，则 $f(x,y)$ 在点 (x_0,y_0) 处_____.

A. 有极值   B. 无极值   C. 不一定有极值   D. 有极大值

2. 填空题

(1) 设 $z=x^2+3xy^2$，则 $\mathrm{d}z =$ _____;

(2) 若 $x^y=y^x$，则 $\dfrac{\mathrm{d}y}{\mathrm{d}x} =$ _____;

(3) 由方程 $xyz+\sqrt{x^2+y^2+z^2}=\sqrt{2}$ 所确定的函数 $z=z(x,y)$ 在点 $(1,0,-1)$ 处的全微

分 $\mathrm{d}z =$ _____；

（4）设 $z = f(u,v,w)$ 具有连续偏导数，$u = x^2$，$v = \sin \mathrm{e}^y$，$w = \ln y$，则 $\dfrac{\partial z}{\partial y} =$ _____；

（5）设 $f(x,y,z) = x^2 + y^2 + z^2$，则 $\mathbf{grad}\, f(1,2,-1) =$ _____；

（6）曲面 $x^2 - xy - 8x + z + 5 = 0$ 在点 $(2,-3,1)$ 处的法线方程为_____；

（7）函数 $f(x,y) = x^2 - 2xy + y^3$ 在点 $(2,1)$ 处的最大方向导数为_____；

（8）曲线 $\begin{cases} x = 2t \\ y = t^2 \\ z = t^3 \end{cases}$ 在点 $(2,1,1)$ 处的法平面方程为_____；

（9）函数 $f(x,y) = x^3 - 4x^2 + 2xy - y^2$ 的极大值点是_____；

（10）二元函数 $f(x,y) = x^2 + y^2 + 2x$ 的驻点是_____．

9.5　验收测试题答案

1. 选择题

（1）D；　（2）C；　（3）B；　（4）B；　（5）C；　（6）A；　（7）A；　（8）A；　（9）D；　（10）C．

2. 填空题

（1）$(2x + 3y^2)\mathrm{d}x + 6xy\mathrm{d}y$；　（2）$\dfrac{y^2 - xy\ln y}{x^2 - xy\ln x}$；　（3）$\dfrac{\sqrt{2}}{2}\mathrm{d}x - \mathrm{d}y - \dfrac{\sqrt{2}}{2}\mathrm{d}z$；

（4）$\dfrac{\partial z}{\partial v}\cos \mathrm{e}^y \cdot \mathrm{e}^y + \dfrac{\partial z}{\partial w} \cdot \dfrac{1}{y}$；　（5）$\{2,4,-2\}$；　（6）$\dfrac{x-2}{-1} = \dfrac{y+3}{-2} = \dfrac{z-1}{1}$；　（7）$\sqrt{5}$；

（8）$\dfrac{x-2}{2} = \dfrac{y-1}{2} = \dfrac{z-1}{3}$；　（9）$(0,0)$；　（10）$(-1,0)$．

第 *10* 章

多元函数积分学

10.1　内容提要

1.二重积分的概念性质与计算

（1）二重积分的概念　　曲顶柱体的体积 $V = \lim\limits_{\lambda \to 0} \sum\limits_{i=1}^{n} f(\xi_i, \eta_i) \Delta\sigma_i$，其中 λ 是这 n 个小区域 $\Delta\sigma_i$ 的最大直径.

平面薄片的质量 $M = \lim\limits_{\lambda \to 0} \sum\limits_{i=1}^{n} \rho(\xi_i, \eta_i) \Delta\sigma_i$.

定义

$$\iint\limits_{D} f(x,y) \mathrm{d}\sigma = \lim\limits_{\lambda \to 0} \sum\limits_{i=1}^{n} f(\xi_i, \eta_i) \Delta\sigma_i$$

（2）二重积分的性质

性质 1（积分的线性运算性质）

$$\iint\limits_{D} kf(x,y) \mathrm{d}\sigma = k \iint\limits_{D} f(x,y) \mathrm{d}\sigma \quad (k \text{ 为常数})$$

$$\iint\limits_{D} [f(x,y) + g(x,y)] \mathrm{d}\sigma = \iint\limits_{D} f(x,y) \mathrm{d}\sigma + \iint\limits_{D} g(x,y) \mathrm{d}\sigma$$

性质 2（二重积分的区域可加性）　　若积分区域 D 可分为两个小闭区域 D_1 和 D_2，则

$$\iint\limits_{D} f(x,y) \mathrm{d}\sigma = \iint\limits_{D_1} f(x,y) \mathrm{d}\sigma + \iint\limits_{D_2} f(x,y) \mathrm{d}\sigma$$

性质 3　$\iint\limits_{D} \mathrm{d}\sigma = A$（$A$ 为区域 D 的面积）

性质 4　若 $f(x,y) \geqslant 0, (x,y) \in D$，则 $\iint\limits_{D} f(x,y) \mathrm{d}\sigma \geqslant 0$.

推论　若 $f(x,y) \geqslant g(x,y), (x,y) \in D$，则

$$\iint\limits_{D} f(x,y) \mathrm{d}\sigma \geqslant \iint\limits_{D} g(x,y) \mathrm{d}\sigma$$

性质 5（估值性质）　若 $m \leqslant f(x,y) \leqslant M, (x,y) \in D, M, m$ 为常数，则

$$mA \leqslant \iint\limits_{D} f(x,y)\,\mathrm{d}\sigma \leqslant MA \quad (A \text{ 为区域 } D \text{ 的面积})$$

性质 6(中值定理) 若 $f(x,y)$ 在闭区域 D 上连续,则存在点 $(\xi,\eta) \in D$,使

$$\iint\limits_{D} f(x,y)\,\mathrm{d}\sigma = f(\xi,\eta)A$$

(3) 二重积分的计算

① 直角坐标系下二重积分的计算

X 型区域 $D:\begin{cases} \phi_1(x) \leqslant y \leqslant \phi_2(x) \\ a \leqslant x \leqslant b \end{cases}$: $\iint\limits_{D} f(x,y)\,\mathrm{d}\sigma = \int_a^b \left[\int_{\phi_1(x)}^{\phi_2(x)} f(x,y)\,\mathrm{d}y \right]\mathrm{d}x$

Y 型区域 $D\begin{cases} \psi_1(y) \leqslant x \leqslant \psi_2(y) \\ c \leqslant y \leqslant d \end{cases}$: $\iint\limits_{D} f(x,y)\,\mathrm{d}\sigma = \int_c^d \mathrm{d}y \int_{\psi_1(y)}^{\psi_2(y)} f(x,y)\,\mathrm{d}x$

矩形区域 $D\begin{cases} c \leqslant y \leqslant d \\ a \leqslant x \leqslant b \end{cases}$: $\iint\limits_{D} f(x,y)\,\mathrm{d}\sigma = \int_a^b \mathrm{d}x \int_c^d f(x,y)\,\mathrm{d}y$

矩形区域 $D\begin{cases} c \leqslant y \leqslant d \\ a \leqslant x \leqslant b \end{cases}$,且 $f(x,y) = f_1(x)f_2(y)$ 时

$$\iint\limits_{D} f(x,y)\,\mathrm{d}\sigma = \int_a^b f_1(x)\,\mathrm{d}x \int_c^d f_2(y)\,\mathrm{d}y$$

② 极坐标系中二重积分的累次积分法

$$\iint\limits_{D} f(x,y)\,\mathrm{d}\sigma = \iint\limits_{D} f(\rho\cos\theta,\rho\sin\theta)\rho\,\mathrm{d}\rho\,\mathrm{d}\theta$$

再把上式右边化为极坐标系下的累次积分.

积分区域 $D\begin{cases} \rho_1(\theta) \leqslant \rho \leqslant \rho_2(\theta) \\ \alpha \leqslant \theta \leqslant \beta \end{cases}$: $\iint\limits_{D} f(x,y)\,\mathrm{d}\sigma = \int_\alpha^\beta \mathrm{d}\theta \int_{\rho_1(\theta)}^{\rho_2(\theta)} f(\rho\cos\theta,\rho\sin\theta)\rho\,\mathrm{d}\rho$.

2. 三重积分的概念与计算

(1) 三重积分的概念

$$\iiint\limits_{\Omega} f(x,y,z)\,\mathrm{d}v = \lim_{\lambda \to 0} \sum_{i=1}^n f(\xi_i,\eta_i,\zeta_i)\Delta v_i$$

三重积分具有和二重积分类似的几条性质,这里不再叙述.

(2) 三重积分的计算

① 直角坐标系中三重积分的累次积分法

先一后二法:

若 $\Omega:\begin{cases} z_1(x,y) \leqslant z \leqslant z_2(x,y) \\ (x,y) \in D \end{cases}$,其中 $D = \begin{cases} y_1(x) \leqslant y \leqslant y_2(x) \\ a \leqslant x \leqslant b \end{cases}$,则

$$\iiint\limits_{\Omega} f(x,y,z)\,\mathrm{d}x\mathrm{d}y\mathrm{d}z = \int_a^b \mathrm{d}x \int_{y_1(x)}^{y_2(x)} f(x,y,z)\,\mathrm{d}z$$

先二后一法:

Ω 在 z 轴上的投影区间为 $[c,d]$,在 $[c,d]$ 上任取一点 z 作垂直于 z 轴的平面与区域 Ω 的截面为 D_z,这时有

$$\iiint\limits_{\Omega} f(x,y,z)\,\mathrm{d}v = \int_{c}^{d}\mathrm{d}z \iint\limits_{D_z} f(x,y,z)\,\mathrm{d}x\mathrm{d}y$$

② 柱面坐标系下三重积分的累次积分法

$$\begin{cases} x = \rho\cos\theta \\ y = \rho\sin\theta, 0 \leqslant \rho \leqslant +\infty, 0 \leqslant \theta \leqslant 2\pi, -\infty \leqslant z \leqslant +\infty, \mathrm{d}v = \rho\mathrm{d}\rho\mathrm{d}\theta\mathrm{d}z \\ z = z \end{cases}$$

则

$$\iiint\limits_{\Omega} f(x,y,z)\,\mathrm{d}x\mathrm{d}y\mathrm{d}z = \iiint\limits_{\Omega} f(\rho\cos\theta, \rho\sin\theta, z)\rho\mathrm{d}\rho\mathrm{d}\theta\mathrm{d}z$$

③ 球坐标系下三重积分的累次积分法

$$\begin{cases} x = r\sin\varphi\cos\theta \\ y = r\sin\varphi\sin\theta, 0 \leqslant r \leqslant +\infty, 0 \leqslant \varphi \leqslant \pi, 0 \leqslant \theta \leqslant 2\pi, \mathrm{d}v = r^2\sin\varphi\mathrm{d}r\mathrm{d}\varphi\mathrm{d}\theta \\ z = r\cos\varphi \end{cases}$$

则

$$\iiint\limits_{\Omega} f(x,y,z)\,\mathrm{d}x\mathrm{d}y\mathrm{d}z = \iiint\limits_{\Omega} f(r\sin\varphi\cos\theta, r\sin\varphi\sin\theta, r\cos\varphi)r^2\sin\varphi\mathrm{d}r\mathrm{d}\varphi\mathrm{d}\theta$$

3. 重积分的应用

(1) 几何上的应用

求立体的体积：当 $f(x,y) \geqslant 0$ 时，以 D 为底，曲面 $z = f(x,y)$ 为顶的曲顶柱体的体积为 $\iint\limits_{D} f(x,y)\,\mathrm{d}\sigma$；当 $f(x,y) \leqslant 0$ 时，该曲顶柱体的体积为 $\iint\limits_{D} f(x,y)\,\mathrm{d}\sigma$ 的相反数，由多个曲面围成的立体的体积同样可以利用二重积分计算.

曲面的面积：曲面 S 的方程为 $z = f(x,y)$，它在 xOy 面上的投影区域为 D，则曲面 S 的面积为 $S = \iint\limits_{D} \sqrt{1 + f_x^2 + f_y^2}\,\mathrm{d}\sigma$.

(2) 重积分在物理上的应用

① 求物体的重心：平面薄片在 xOy 平面上的闭区域 D 在点 (x,y) 处的面密度为 $\rho(x,y)$，则静力矩分别为

$$M_x = \iint\limits_{D} \mathrm{d}M_x = \iint\limits_{D} y\rho(x,y)\,\mathrm{d}\sigma$$

$$M_y = \iint\limits_{D} \mathrm{d}M_y = \iint\limits_{D} x\rho(x,y)\,\mathrm{d}\sigma$$

重心坐标 $(\bar{x}, \bar{y})$ 为

$$\overline{x} = \frac{M_y}{M} = \frac{\iint\limits_D x\rho(x,y)\,\mathrm{d}\sigma}{\iint\limits_D \rho(x,y)\,\mathrm{d}\sigma}$$

$$\overline{y} = \frac{M_x}{M} = \frac{\iint\limits_D y\rho(x,y)\,\mathrm{d}\sigma}{\iint\limits_D \rho(x,y)\,\mathrm{d}\sigma}$$

如果薄片是均匀的, 即 $\rho(x,y) = \rho$(常数), 则 $\overline{x} = \dfrac{1}{A}\iint\limits_D x\mathrm{d}\sigma, \overline{y} = \dfrac{1}{A}\iint\limits_D y\mathrm{d}\sigma$.

② 求物体的转动惯量:平面薄片, 它占有 xOy 平面上的区域 D, 薄片在点 (x,y) 处的密度为 $\rho(x,y)$, 则转动惯量分别为

$$I_x = \iint\limits_D y^2\rho(x,y)\,\mathrm{d}\sigma, \quad I_y = \iint\limits_D x^2\rho(x,y)\,\mathrm{d}\sigma$$

4. 向量值函数的积分

(1) 数值函数在曲线上的积分(对弧长的曲线积分)

定义　　　　　　$\displaystyle\int_L f(x,y)\,\mathrm{d}s = \lim_{\lambda\to 0}\sum_{i=1}^{n} f(\xi_i,\eta_i)\Delta s_i$

性质:①

$$\int_L \left[\alpha f(x,y) + \beta g(x,y)\right]\mathrm{d}s = \alpha\int_L f(x,y)\,\mathrm{d}s + \beta\int_L g(x,y)\,\mathrm{d}s$$

② 如果将曲线弧 L 分为两段 L_1 和 L_2, 则

$$\int_L f(x,y)\,\mathrm{d}s = \int_{L_1} f(x,y)\,\mathrm{d}s + \int_{L_2} f(x,y)\,\mathrm{d}s$$

对弧长曲线积分的计算:

设曲线 L 的参数方程为 $x = x(t), y = y(t)\ (a \leqslant t \leqslant b)$, 当 $x(t), y(t)$ 具有一阶连续导数, 且 $\left[x'(t)\right]^2 + \left[y'(t)\right]^2 \neq 0$ 时, 则

$$\int_L f(x,y)\,\mathrm{d}s = \int_a^b f(x(t),y(t))\sqrt{\left[x'(t)\right]^2 + \left[y'(t)\right]^2}\,\mathrm{d}t$$

曲线 L 的方程为 $y = g(x)\ (a \leqslant x \leqslant b)$ 时, 曲线积分为

$$\int_L f(x,y)\,\mathrm{d}s = \int_a^b f(x,g(x))\sqrt{1 + \left[g'(x)\right]^2}\,\mathrm{d}x$$

(2) 向量值函数在有向曲线上的积分

引入(变力沿曲线所做的功):设 $\boldsymbol{F} = P\boldsymbol{i} + Q\boldsymbol{j}$

$$W = \lim_{\lambda\to 0}\sum_{i=1}^{n}\left[P(\xi_i,\eta_i)\Delta x_i + Q(\xi_i,\eta_i)\Delta y_i\right] \stackrel{\Delta}{=} \int_L P\mathrm{d}x + Q\mathrm{d}y$$

定义:设 L 为光滑曲线, $P(x,y), Q(x,y) \in B(L)$,

$$\int_L P\mathrm{d}x = \lim_{\lambda\to 0}\sum_{i=1}^{n} P(\xi_i,\eta_i)\Delta x_i, \qquad \int_L q\mathrm{d}x = \lim_{\lambda\to 0}\sum_{i=1}^{n} Q(\xi_i,\eta_i)\Delta y_i$$

计算方法:有向光滑曲线 L 的参数方程为 $\begin{cases} x = x(t) \\ y = y(t) \end{cases}$, t 为参数. 曲线 L 起点对应的参数

为 a,终点对应的参数为 b 时

$$\int_L \boldsymbol{F}(x,y) \cdot \mathrm{d}\boldsymbol{r} = \int_L P(x,y)\mathrm{d}x + Q(x,y)\mathrm{d}y =$$

$$\int_a^b \left[P(x(t),y(t))x'(t) + Q(x(t),y(t))y'(t) \right]\mathrm{d}t$$

当 L 的方程为 $y = y(x)(x \text{ 从 } a \text{ 到 } b)$ 时,

$$\int_L \boldsymbol{F}(x,y) \cdot \mathrm{d}\boldsymbol{r} = \int_L P(x,y)\mathrm{d}x + Q(x,y)\mathrm{d}y =$$

$$\int_a^b \left\{ P(x,y(x)) + Q(x,y(x))y'(x) \right\}\mathrm{d}x$$

当曲线为空间有向曲线 $\Gamma \begin{cases} x = x(t) \\ y = y(t) \\ z = z(t) \end{cases}$ 时,t 为参数. 曲线起点对应的参数值为 a,终点对

应的参数值为 b. 向量值函数为 $\boldsymbol{A} = P(x,y,z)\boldsymbol{i} + Q(x,y,z)\boldsymbol{j} + R(x,y,z)\boldsymbol{k}$,$\mathrm{d}\boldsymbol{r} = \mathrm{d}x\boldsymbol{i} + \mathrm{d}y\boldsymbol{j} + \mathrm{d}z\boldsymbol{k}$,则

$$\int_\Gamma \boldsymbol{A} \cdot \mathrm{d}\boldsymbol{r} = \int_\Gamma P\mathrm{d}x + Q\mathrm{d}y + R\mathrm{d}z =$$

$$\int_a^b \left[P(x(t),y(t),z(t))x'(t) + Q(x(t),y(t),z(t))y'(t) + \right.$$

$$\left. R(x(t),y(t),z(t))z'(t) \right]\mathrm{d}t$$

(3) 两类曲线积分之间的关系

设曲线 L 上在点 $M(x,y)$ 处的切线的方向余弦为 $\cos\alpha,\cos\beta$(切线的方向与曲线的正向相同),即有

$$\cos\alpha = \frac{\mathrm{d}x}{\mathrm{d}s}, \quad \cos\beta = \frac{\mathrm{d}y}{\mathrm{d}s}$$

于是得两类曲线积分之间的转换公式为

$$\int_L P\mathrm{d}x + Q\mathrm{d}y = \int_L (P\cos\alpha + Q\cos\beta)\mathrm{d}s$$

类似地,设空间曲线 Γ 上在点 $M(x,y,z)$ 处的切线的方向余弦为 $\cos\alpha,\cos\beta$,$\cos\gamma$(切线的方向与曲线的正向相同),则有两类曲线积分之间的转换公式

$$\int_\Gamma P\mathrm{d}x + Q\mathrm{d}y + R\mathrm{d}z = \int_\Gamma (P\cos\alpha + Q\cos\beta + R\cos\gamma)\mathrm{d}s$$

(4) 格林公式　平面曲线积分与路径无关

格林公式:设 D 是由分段光滑的曲线 L 围成的平面有界闭区域,函数 $P(x,y)$ 及 $Q(x,y)$ 在 D 上具有一阶连续偏导数,则有

$$\iint_D \left(\frac{\partial Q}{\partial x} - \frac{\partial P}{\partial y} \right)\mathrm{d}\sigma = \oint_L P\mathrm{d}x + Q\mathrm{d}y$$

其中 L 是 D 的取正向的边界曲线.

平面积分与路径无关的条件:设 $P(x,y),Q(x,y)$ 以及它们的一阶偏导数在单连通区域 D 上连续,$\int_L P(x,y)\mathrm{d}x + Q(x,y)\mathrm{d}y$ 与路径无关的充分必要条件是:$\dfrac{\partial P}{\partial y} = \dfrac{\partial Q}{\partial x}$.

（5）数值函数在曲面上的积分

定义：$\iint\limits_{\Sigma} f(x,y,z)\mathrm{d}S = \lim\limits_{\lambda\to 0}\sum\limits_{i=1}^{n} f(\xi_i,\eta_i,\zeta_i)\Delta S_i$

函数 $f(x,y,z)$ 在 Σ 上有界，将 Σ 任意分成 n 片小曲面 $\Delta S_1,\Delta S_2,\cdots,\Delta S_n$，任取点 $(\xi_i,\eta_i,\zeta_i)\in\Delta S_i$，第 i 片小曲面的面积仍记为 ΔS_i，λ 为 $\Delta S_i(i=1,2,\cdots,n)$ 中直径的最大值.

计算方法：设 Σ 的方程为 $x=x(y,z),(y,z)\in D_{yz}$，且 x_y,x_z 连续，函数 $f(x,y,z)$ 在 Σ 上连续，则

$$\iint\limits_{\Sigma} f(x,y,z)\mathrm{d}S = \iint\limits_{D_{yz}} f(x(y,z),y,z)\sqrt{1+x_y^2+x_z^2}\,\mathrm{d}y\mathrm{d}z$$

被积函数 $f(x,y,z)=1$ 时，$\iint\limits_{\Sigma}\mathrm{d}S=A$（$A$ 为曲面 Σ 的面积）.

（6）函数在有向曲面上的积分

定义：$\iint\limits_{\Sigma} P(x,y,z)\mathrm{d}y\mathrm{d}z + Q(x,y,z)\mathrm{d}z\mathrm{d}x + R(x,y,z)\mathrm{d}x\mathrm{d}y$

计算方法：设有向曲面 Σ 的方程 $z=z(x,y),(x,y)\in D_{xy}$，曲面的方向为上侧即法向量的正向与 z 轴正向的夹角为锐角，则

$$\iint\limits_{\Sigma} R(x,y,z)\mathrm{d}x\mathrm{d}y = \iint\limits_{\Sigma} R(x,y,z)\cos\gamma\mathrm{d}S = \iint\limits_{D_{xy}} R(x,y,z(x,y))\mathrm{d}x\mathrm{d}y$$

如果曲面的方向为下侧，则

$$\iint\limits_{\Sigma} R(x,y,z)\mathrm{d}x\mathrm{d}y = \iint\limits_{\Sigma} R(x,y,z)\cos\gamma\mathrm{d}S = -\iint\limits_{D_{xy}} R(x,y,z(x,y))\mathrm{d}x\mathrm{d}y$$

（7）三重积分的高斯公式与斯托克斯公式

高斯公式：设空间区域 Ω 是空间二维单连通区域，其边界曲面为 Σ，函数 $P(x,y,z)$，$Q(x,y,z)$ 及 $R(x,y,z)$ 在 Ω 及 Σ 上具有连续的一阶偏导数，则

$$\iiint\limits_{\Omega}\left(\frac{\partial P}{\partial x}+\frac{\partial Q}{\partial y}+\frac{\partial R}{\partial z}\right)\mathrm{d}x\mathrm{d}y\mathrm{d}z = \oiint\limits_{\Sigma} P\mathrm{d}y\mathrm{d}z + Q\mathrm{d}z\mathrm{d}x + R\mathrm{d}x\mathrm{d}y$$

其中曲面取外侧.

曲面积分与曲面无关的条件：曲面积分 $\iint\limits_{\Sigma} P\mathrm{d}y\mathrm{d}z + Q\mathrm{d}z\mathrm{d}x + R\mathrm{d}x\mathrm{d}y$ 与所取曲面 Σ 无关而只与曲面的边界闭曲线有关的条件为 $\dfrac{\partial P}{\partial x}+\dfrac{\partial Q}{\partial y}+\dfrac{\partial R}{\partial z}=0$.

斯托克斯定理：$P(x,y,z),Q(x,y,z),R(x,y,z)$ 在包含曲面 Σ 的空间区域 Ω 中有连续的一阶偏导数，则

$$\iint\limits_{\Sigma}\left(\frac{\partial R}{\partial y}-\frac{\partial Q}{\partial z}\right)\mathrm{d}y\mathrm{d}z + \left(\frac{\partial P}{\partial z}-\frac{\partial R}{\partial x}\right)\mathrm{d}z\mathrm{d}x + \left(\frac{\partial Q}{\partial x}-\frac{\partial P}{\partial y}\right)\mathrm{d}x\mathrm{d}y =$$

$$\oint\limits_{\Gamma} P\mathrm{d}x + Q\mathrm{d}y + R\mathrm{d}z$$

其中 Γ 为 Σ 的边界，Γ 和 Σ 的正向满足右手规则.

空间曲线积分与路径无关的条件:设函数 $P(x,y,z),Q(x,y,z),R(x,y,z)$ 及其偏导数在某一空间一维单连通区域 Ω 上连续,则下面四个命题等价:

① 在 Ω 中曲线积分 $\int_{\Gamma} P\mathrm{d}x + Q\mathrm{d}y + R\mathrm{d}z$ 与路径无关,只与起点和终点有关;

② 沿 Ω 中任一闭曲线 Γ 的积分为零,即 $\oint_{\Gamma} P\mathrm{d}x + Q\mathrm{d}y + R\mathrm{d}z = 0$;

③ 在 Ω 上任意点,恒有

$$\frac{\partial P}{\partial y} - \frac{\partial Q}{\partial x} = 0, \quad \frac{\partial R}{\partial x} - \frac{\partial P}{\partial z} = 0, \quad \frac{\partial Q}{\partial z} - \frac{\partial R}{\partial y} = 0$$

④ 表达式 $P\mathrm{d}x + Q\mathrm{d}y + R\mathrm{d}z$ 为 Ω 中某函数 $u(x,y,z)$ 的全微分,即在 Ω 中存在 $u(x,y,z)$,使

$$\mathrm{d}u = P\mathrm{d}x + Q\mathrm{d}y + R\mathrm{d}z$$

10.2　典型题精解

例1　计算 $\iint_{D} y\sqrt{1 + x^2 - y^2}\,\mathrm{d}\sigma$,其中 D 是由直线 $y = x, x = -1$ 和 $y = 1$ 所围成的闭区域.

解　如图 10.1,D 既是 X 型,又是 Y 型.若视为 X 型,则

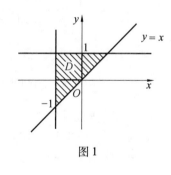

图 1

$$
\begin{aligned}
\text{原积分} &= \int_{-1}^{1}\left[\int_{x}^{1} y\sqrt{1 + x^2 - y^2}\,\mathrm{d}y\right]\mathrm{d}x = \\
&= -\frac{1}{3}\int_{-1}^{1}\left[(1 + x^2 - y^2)^{3/2}\right]\Big|_{x}^{1}\mathrm{d}x = \\
&= -\frac{1}{3}\int_{-1}^{1}(|x|^3 - 1)\,\mathrm{d}x = \\
&= -\frac{2}{3}\int_{0}^{1}(x^3 - 1)\,\mathrm{d}x = \frac{1}{2}
\end{aligned}
$$

若视为 Y 型,则

$$\iint_{D} y\sqrt{1 + x^2 - y^2}\,\mathrm{d}\sigma = \int_{-1}^{1} y\left[\int_{-1}^{y}\sqrt{1 + x^2 - y^2}\,\mathrm{d}x\right]\mathrm{d}y$$

其中关于 x 的积分计算比较麻烦,故合理选择积分次序对重积分的计算非常重要.

例2　交换二次积分 $\int_{0}^{1}\mathrm{d}x\int_{x^2}^{x} f(x,y)\,\mathrm{d}y$ 的积分次序.

解　题设二次积分的积分限:$0 \leqslant x \leqslant 1, x^2 \leqslant y \leqslant x$,可改写为:$0 \leqslant y \leqslant 1, y \leqslant x \leqslant \sqrt{y}$,所以

$$\int_{0}^{1}\mathrm{d}x\int_{x^2}^{x} f(x,y)\,\mathrm{d}y = \int_{0}^{1}\mathrm{d}y\int_{y}^{\sqrt{y}} f(x,y)\,\mathrm{d}x$$

例3　计算 $\iint_{D} y[1 + xf(x^2 + y^2)]\mathrm{d}x\mathrm{d}y$,其中积分区域 D 由曲线 $y = x^2$ 与 $y = 1$ 所围成.

解　令 $g(x,y)=xyf(x^2+y^2)$，因为 D 关于 y 轴对称，且 $g(-x,y)=-g(x,y)$，故

$$\iint\limits_{D}xyf(x^2+y^2)\mathrm{d}x\mathrm{d}y=0, \quad I=\iint\limits_{D}y\mathrm{d}x\mathrm{d}y=\int_{-1}^{1}\mathrm{d}x\int_{x^2}^{1}y\mathrm{d}y=\frac{1}{2}\int_{-1}^{1}(1-x^4)\mathrm{d}x=\frac{4}{5}$$

例 4　计算 $\iint\limits_{D}\dfrac{y^2}{x^2}\mathrm{d}x\mathrm{d}y$，其中 D 是由曲线 $x^2+y^2=2x$ 所围成的平面区域.

解　积分区域 D 是以点 $(1,0)$ 为圆心，以 1 为半径的圆域，如图 2，其边界曲线的极坐标方程为 $r=2\cos\theta$. 于是区域 D 的积分限为 $-\dfrac{\pi}{2}\leqslant\theta\leqslant\dfrac{\pi}{2},0\leqslant r\leqslant 2\cos\theta$.

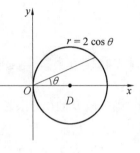

图 2

所以

$$\iint\limits_{D}\frac{y^2}{x^2}\mathrm{d}x\mathrm{d}y=\iint\limits_{D}\frac{r^2\sin^2\theta}{r^2\cos^2\theta}r\mathrm{d}r\mathrm{d}\theta=$$

$$\int_{-\frac{\pi}{2}}^{\frac{\pi}{2}}\mathrm{d}\theta\int_{0}^{2\cos\theta}\frac{\sin^2\theta}{\cos^2\theta}r\mathrm{d}r=\int_{-\frac{\pi}{2}}^{\frac{\pi}{2}}2\sin^2\theta\mathrm{d}\theta=$$

$$\int_{-\frac{\pi}{2}}^{\frac{\pi}{2}}(1+\cos 2\theta)\mathrm{d}\theta=\pi$$

例 5　求球体 $x^2+y^2+z^2\leqslant 4a^2$ 被圆柱面 $x^2+y^2=2ax(a>0)$ 所截得的(含在圆柱面内的部分)立体的体积.

解　由对称性，有

$$V=4\iint\limits_{D}\sqrt{4a^2-x^2-y^2}\mathrm{d}x\mathrm{d}y$$

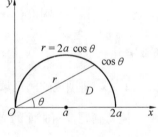

图 3

如图 3，其中 D 为半圆周 $y=\sqrt{2ax-x^2}$，及 x 轴所围成的闭区域.

在极坐标中，积分区域 $D:0\leqslant\theta\leqslant\pi/2,0\leqslant r\leqslant 2a\cos\theta$.

$$V=4\iint\limits_{D}\sqrt{4a^2-r^2}r\mathrm{d}r\mathrm{d}\theta=4\int_{0}^{\frac{\pi}{2}}\mathrm{d}\theta\int_{0}^{2a\cos\theta}\sqrt{4a^2-r^2}r\mathrm{d}r=$$

$$\frac{32}{3}a^3\int_{0}^{\frac{\pi}{2}}(1-\sin^3\theta)\mathrm{d}\theta=\frac{32}{3}a^3\left(\frac{\pi}{2}-\frac{2}{3}\right)$$

例 6　求位于两圆 $\rho=2\sin\theta$ 和 $\rho=4\sin\theta$ 之间的均匀薄片的重心.

解　如图 4，因为闭区域 D 对称于 y 轴，故重心 $C(\bar{x},\bar{y})$ 必位于 y 轴上，于是

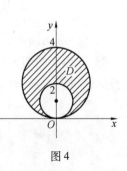

图 4

$$\bar{x}=0, \quad \bar{y}=\frac{1}{A}\iint\limits_{D}y\mathrm{d}\sigma$$

易见积分区域 D 的面积等于这两个圆的面积之差，即 $A=3\pi$. 再利用极坐标计算积分：

$$\iint\limits_{D}y\mathrm{d}\sigma=\iint\limits_{D}r^2\sin\theta\mathrm{d}r\mathrm{d}\theta=\int_{0}^{\pi}\sin\theta\mathrm{d}\theta\int_{2\sin\theta}^{4\sin\theta}r^2\mathrm{d}r=\frac{56}{3}\int_{0}^{\pi}\sin^4\theta\mathrm{d}\theta=7\pi$$

因此 $\bar{y} = \dfrac{7\pi}{3\pi} = \dfrac{7}{3}$，所求重心是 $C(0,7/3)$.

例 7　求椭球体 $\dfrac{x^2}{a^2} + \dfrac{y^2}{b^2} + \dfrac{z^2}{c^2} \leqslant 1$ 的体积.

解　由对称性知，所求体积为

$$V = 8 \iint\limits_{D} c \sqrt{1 - \frac{x^2}{a^2} - \frac{y^2}{b^2}} \, \mathrm{d}\sigma$$

其中积分区域 $D: \dfrac{x^2}{a^2} + \dfrac{y^2}{b^2} \leqslant 1, x \geqslant 0, y \geqslant 0$. 令 $x = ar\cos\theta, y = br\sin\theta$ 称其为广义极坐标

变换，则区域 D 的积分限为 $0 \leqslant \theta \leqslant \dfrac{\pi}{2}, 0 \leqslant r \leqslant 1$，又

$$J = \frac{\partial(x,y)}{\partial(r,\theta)} = \begin{vmatrix} a\cos\theta & -ar\sin\theta \\ b\sin\theta & br\cos\theta \end{vmatrix} = abr$$

于是 $V = 8abc \displaystyle\int_0^{\pi/2} \mathrm{d}\theta \int_0^1 \sqrt{1-r^2}\, r\mathrm{d}r = 8abc \cdot \frac{\pi}{2}\left(-\frac{1}{2}\right) \int_0^1 \sqrt{1-r^2}\, \mathrm{d}(1-r^2) = \frac{4}{3}\pi abc$.

特别地，当 $a = b = c$ 时，则得到球体的体积为 $\dfrac{4}{3}\pi a^3$.

例 8　化三重积分 $\displaystyle\iiint\limits_{\Omega} f(x,y,z)\mathrm{d}x\mathrm{d}y\mathrm{d}z$ 为三次积分，其中积分区域 Ω 为由曲面 $z = x^2 + 2y^2$ 及 $z = 2 - x^2$ 所围成的闭区域.

解　注意到题设两曲面的交线 $\begin{cases} z = x^2 + 2y^2 \\ z = 2 - x^2 \end{cases}$ 为一圆 $x^2 + y^2 = 1$，故 Ω 在 xOy 面上的投

影为圆域 $D: x^2 + y^2 \leqslant 1$ 或 $D: \begin{cases} -1 \leqslant x \leqslant 1 \\ -\sqrt{1-x^2} \leqslant y \leqslant \sqrt{1-x^2} \end{cases}$

对 D 内任一点 (x,y)，有 $x^2 + 2y^2 \leqslant z \leqslant 2 - x^2$，所以

$$I = \iint\limits_{D} \mathrm{d}x\mathrm{d}y \int_{x^2+2y^2}^{2-x^2} f(x,y,z)\mathrm{d}z = \int_{-1}^{1} \mathrm{d}x \int_{-\sqrt{1-x^2}}^{\sqrt{1-x^2}} \mathrm{d}y \int_{x^2+2y^2}^{2-x^2} f(x,y,z)\mathrm{d}z$$

例 9　求由曲面 $z = x^2 + y^2, z = 2x^2 + 2y^2, y = x, y = x^2$ 所围立体的体积.

解　由于曲面 $z = x^2 + y^2, z = 2x^2 + 2y^2$ 仅相交于原点，则积分区域 Ω 在 xOy 平面上的投影区域为 $D: x^2 \leqslant y \leqslant x, 0 \leqslant x \leqslant 1$，下曲面为 $z = x^2 + y^2$，上曲面为 $z = 2x^2 + 2y^2$，于是

$$V = \iiint\limits_{\Omega} \mathrm{d}V = \iint\limits_{D} \mathrm{d}x\mathrm{d}y \int_{x^2+y^2}^{2x^2+2y^2} \mathrm{d}z = \int_0^1 \mathrm{d}x \int_{x^2}^{x} \mathrm{d}y \int_{x^2+y^2}^{2x^2+2y^2} \mathrm{d}z =$$

$$\int_0^1 \mathrm{d}x \int_{x^2}^{x} (x^2 + y^2)\mathrm{d}y = \int_0^1 \left(\frac{4}{3}x^3 - x^4 - \frac{1}{3}x^6\right)\mathrm{d}x = \frac{3}{35}$$

例 10　计算 $\displaystyle\iiint\limits_{\Omega}(x+z)\mathrm{d}v$，其中 Ω 是锥面 $z = \sqrt{x^2+y^2}$ 和平面 $z = 1$ 所围空间区域.

解　因为积分区域 Ω 关于 yOz 面对称，被积函数中的 x 是变量 x 的奇函数，所以

$\iiint\limits_{\Omega} x \mathrm{d}v = 0$，从而有

$$\iiint\limits_{\Omega} (x + z)\,\mathrm{d}v = \iiint\limits_{\Omega} z \mathrm{d}v$$

由于被积函数只是 z 的函数，可利用截面法求之．

积分区域 Ω 介于平面 $z = 0$ 与 $z = 1$ 之间，在 $[0,1]$ 任取一点 z，作垂直于 z 轴的平面，截区域 Ω 得截面 D_z 为 $x^2 + y^2 = z^2$，该截面的面积为 πz^2，所以

$$\iiint\limits_{\Omega} (x + z)\,\mathrm{d}v = \iiint\limits_{\Omega} z \mathrm{d}v = \int_0^1 z \mathrm{d}z \iint\limits_{D_z}\mathrm{d}\sigma = \pi \int_0^1 z^3 \mathrm{d}z = \frac{\pi}{4}$$

例 11　立体 Ω 是圆柱面 $x^2 + y^2 = 1$ 内部，平面 $z = 2$ 下方，抛物面 $z = 1 - x^2 - y^2$ 上方部分，其上任一点的密度与它到 z 轴之距离成正比（比例系数为 K），求 Ω 的质量 m．

解　据题意，密度函数为

$$\rho(x,y,z) = K\sqrt{x^2 + y^2}$$

所以

$$m = \iiint\limits_{\Omega} \rho(x,y,z)\,\mathrm{d}v = \iiint\limits_{\Omega} K\sqrt{x^2 + y^2}\,\mathrm{d}v$$

利用柱坐标，先对 z 积分，Ω 在 xOy 平面上投影域 D 为

$$D = \{(x,y)\,|\,x^2 + y^2 \leqslant 1\}$$

故

$$m = \iiint\limits_{\Omega}(Kr)r\mathrm{d}r\mathrm{d}\theta\mathrm{d}z = K\iint\limits_{D} r^2 \mathrm{d}r\mathrm{d}\theta \int_{1-r^2}^2 \mathrm{d}z = K\int_0^{2\pi}\mathrm{d}\theta\int_0^1 r^2\mathrm{d}r\int_{1-r^2}^2\mathrm{d}z =$$
$$2\pi K\int_0^1 r^2(1 + r^2)\,\mathrm{d}r = \frac{16\pi K}{15}$$

例 12　计算 $\iiint\limits_{\Omega}(x + y + z)^2 \mathrm{d}x\mathrm{d}y\mathrm{d}z$，其中 Ω 是由抛物面 $z = x^2 + y^2$ 和球面 $x^2 + y^2 + z^2 = 2$ 所围成的空间闭区域．

解　$(x + y + z)^2 = x^2 + y^2 + z^2 + 2(xy + yz + zx)$
注意到 Ω 关于 zOx 和 yOz 面对称，有

$$\iiint\limits_{\Omega}(xy + yz)\,\mathrm{d}v = 0, \quad \iiint\limits_{\Omega} xz\mathrm{d}v = 0$$

且

$$\iiint\limits_{\Omega} x^2 \mathrm{d}v = \iiint\limits_{\Omega} y^2 \mathrm{d}v$$

Ω 在 xOy 面上的投影区域圆域 $D:0 \leqslant \theta \leqslant 2\pi, 0 \leqslant r \leqslant 1$，对 D 内任一点，有 $r^2 \leqslant z \leqslant \sqrt{2 - r^2}$，所以

$$\iiint\limits_{\Omega}(x + y + z)^2\mathrm{d}x\mathrm{d}y\mathrm{d}z = \iiint\limits_{\Omega}(2x^2 + z^2)\mathrm{d}x\mathrm{d}y\mathrm{d}z = \int_0^{2\pi}\mathrm{d}\theta\int_0^1\mathrm{d}r\int_{r^2}^{\sqrt{2-r^2}} r(2r^2\cos^2\theta + z^2)\mathrm{d}z =$$
$$\frac{\pi}{60}(90\sqrt{2} - 89)$$

例 13 求密度为 ρ 的均匀球体对于过球心的一条轴 l 的转动惯量.

解 取球心为坐标原点,球的半径为 a,z 轴与轴 l 重合,则球体所占空间闭区域

$$\Omega = \{(x,y,z) \mid x^2 + y^2 + z^2 \leqslant a^2\}$$

所求转动惯量即球体对于 z 轴的转动惯量为

$$I_z = \iiint_{\Omega} (x^2 + y^2)\rho \mathrm{d}v = \rho \iiint_{\Omega} (r^2 \sin^2\varphi \cos^2\theta + r^2 \sin^2\varphi \sin^2\theta)$$

$$r^2 \sin\varphi \mathrm{d}r\mathrm{d}\varphi\mathrm{d}\theta = \iiint_{\Omega} r^4 \sin^3\varphi \mathrm{d}r\mathrm{d}\varphi\mathrm{d}\theta = \rho \int_0^{2\pi} \mathrm{d}\theta \int_0^{\pi} \sin^3\varphi \mathrm{d}\varphi \int_0^a r^4 \mathrm{d}r = \rho \cdot 2\pi \cdot \frac{a^5}{5} \int_0^{\pi} \sin^3\varphi \mathrm{d}\varphi =$$

$$\frac{2}{5}\pi a^5 \rho \cdot \frac{4}{3} = \frac{2}{5}a^2 M$$

其中 $M = \dfrac{4}{3}\pi a^3 \rho$ 为球体的质量.

例 14 计算半径为 R,中心角为 2α 的圆弧 L 对于它的对称轴的转动惯量 I(设线密度 $\rho = 1$).

解 取坐标系,如图 5,则

$$I = \int_L y^2 \mathrm{d}s$$

为计算方便,利用 L 的参数方程

$$x = R\cos t, \quad y = R\sin t \quad (-\alpha \leqslant t \leqslant \alpha)$$

故

$$I = \int_L y^2 \mathrm{d}s = \int_{-\alpha}^{\alpha} R^2 \sin^2 t \sqrt{(-R\sin t)^2 + (R\cos t)^2} \, \mathrm{d}\theta =$$

$$R^3 \int_{-\alpha}^{\alpha} \sin^2 t \mathrm{d}t = \frac{R^3}{2}\left[t - \frac{\sin 2t}{2} \right]\Big|_{-\alpha}^{\alpha} =$$

$$\frac{R^3}{2}(2\alpha - \sin 2\alpha) = R^3(\alpha - \sin\alpha\cos\alpha)$$

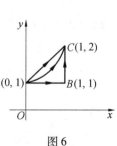

图 5

例 15 计算 $I = \int_L (x^2 - y)\mathrm{d}x + (y^2 + x)\mathrm{d}y$ 的值,其中 L 分别为图 6 中的路径:

(1) 从 $A(0,1)$ 到 $C(1,2)$ 的直线;

(2) 从 $A(0,1)$ 到 $B(1,1)$ 再从 $B(1,1)$ 到 $C(1,2)$ 的折线;

(3) 从 $A(0,1)$ 沿抛物线 $y = x^2 + 1$ 到 $C(1,2)$.

解 (1) 连接 $(0,1)$,$(1,2)$ 两点的直线方程为 $y = x + 1$,对应于 L 的方向,x 从 0 变到 1,所以

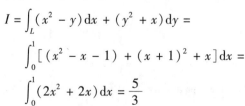

图 6

$$I = \int_L (x^2 - y)\mathrm{d}x + (y^2 + x)\mathrm{d}y =$$

$$\int_0^1 [(x^2 - x - 1) + (x + 1)^2 + x]\mathrm{d}x =$$

$$\int_0^1 (2x^2 + 2x)\mathrm{d}x = \frac{5}{3}$$

(2) 从 $(0,1)$ 到 $(1,1)$ 的直线为 $y = 1$,x 从 0 变到 1,且 $\mathrm{d}y = 0$;又从 $(1,1)$ 到 $(1,2)$ 的

直线为 $x = 1, y$ 从 1 变到 2,且 $\mathrm{d}x = 0$,于是

$$I = \int_L (x^2 - y)\mathrm{d}x + (y^2 + x)\mathrm{d}y =$$

$$\int_{AB} (x^2 - y)\mathrm{d}x + (y^2 + x)\mathrm{d}y + \int_{BC} (x^2 - y)\mathrm{d}x + (y^2 + x)\mathrm{d}y =$$

$$\int_0^1 (x^2 - 1)\mathrm{d}x + \int_1^2 (y^2 + 1)\mathrm{d}y =$$

$$-\frac{2}{3} + \frac{10}{3} = \frac{8}{3}$$

(3) 化为对 x 的定积分,$L: y = x^2 + 1, x$ 从 0 变到 1,$\mathrm{d}y = 2x\mathrm{d}x$,于是

$$I = \int_L (x^2 - y)\mathrm{d}x + (y^2 + x)\mathrm{d}y =$$

$$\int_0^1 \{[x^2 - (x^2 + 1)] + [(x^2 + 1)^2 + x] \cdot 2x\}\mathrm{d}x =$$

$$\int_0^1 (2x^5 + 4^3 + 2x^2 + 2x - 1)\mathrm{d}x = 2$$

例 16　计算 $\int_{\overset{\frown}{AB}} x\mathrm{d}y$,其中曲线 AB 是半径为 r 的圆在第一象限部分.

解　引入辅助曲线 $\overline{OA}, \overline{BO}$,令 $L = \overline{OA} + AB + \overline{BO}$. 由格林公式,设 $P = 0, Q = x$,则有

$$-\iint_D \mathrm{d}x\mathrm{d}y = \oint_L x\mathrm{d}y = \int_{\overline{OA}} x\mathrm{d}y + \int_{AB} x\mathrm{d}y + \int_{\overline{OB}} x\mathrm{d}y$$

因为 $\int_{\overline{OA}} x\mathrm{d}y = 0, \int_{\overline{OB}} x\mathrm{d}y = 0$,所以 $\int_{AB} x\mathrm{d}y = -\iint_D \mathrm{d}x\mathrm{d}y = -\frac{1}{4}\pi r^2$.

例 17　计算 $\iint_D e^{-y^2}\mathrm{d}x\mathrm{d}y$,其中 D 是以 $O(0,0), A(1,1), B(0,1)$ 为顶点的三角形闭区域.

解　令 $P = 0, Q = x e^{-y^2}$,则

$$\frac{\partial Q}{\partial x} - \frac{\partial P}{\partial y} = e^{-y^2}$$

应用格林公式,得

$$\iint_D e^{-y^2}\mathrm{d}x\mathrm{d}y = \int_{\overline{OA} + AB + \overline{BO}} x e^{-y^2}\mathrm{d}y = \int_{\overline{OA}} x e^{-y^2}\mathrm{d}y = \int_0^1 x e^{-x^2}\mathrm{d}x = \frac{1}{2}(1 - e^{-1})$$

例 18　计算抛物线 $(x + y)^2 = ax (a > 0)$ 与 x 轴所围成的面积.

解　如图 7,ONA 为直线 $y = 0$. 曲线 AMO 为 $y = \sqrt{ax} - x, x \in [0, a]$.
所以

$$A = \frac{1}{2}\int_{AMO} x\mathrm{d}y - y\mathrm{d}x =$$

$$\frac{1}{2}\int_{ONA} x\mathrm{d}y - y\mathrm{d}x + \frac{1}{2}\int_{AMO} x\mathrm{d}y - y\mathrm{d}x =$$

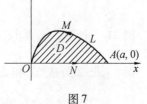

图 7

$$\frac{1}{2}\int_{AMO} x\mathrm{d}y - y\mathrm{d}x =$$

$$\frac{1}{2}\int_a^0 x\left(\frac{a}{2\sqrt{ax}} - 1\right)\mathrm{d}x - (\sqrt{ax} - x)\mathrm{d}x =$$

$$\frac{\sqrt{a}}{4}\int_0^a \sqrt{x}\,\mathrm{d}x = \frac{1}{6}a^2$$

例 19 设曲线积分 $\int_L xy^2\mathrm{d}x + y\varphi(x)\mathrm{d}y$ 与路径无关,其中 φ 具有连续的导数,且 $\varphi(0) = 0$,计算 $\int_{(0,0)}^{(1,1)} xy^2\mathrm{d}x + y\varphi(x)\mathrm{d}y$.

解 $P(x,y) = xy^2, Q(x,y) = y\varphi(x)$

$$\frac{\partial P}{\partial y} = \frac{\partial}{\partial y}(xy^2) = 2xy, \qquad \frac{\partial Q}{\partial x} = \frac{\partial}{\partial x}[y\varphi(x)] = y\varphi'(x)$$

因积分与路径无关,则 $\dfrac{\partial P}{\partial y} = \dfrac{\partial Q}{\partial x}$,

由 $y\varphi'(x) = 2xy$,则 $\varphi(x) = x^2 + C$.

由 $\varphi(0) = 0$,知 $C = 0$,则 $\varphi(x) = x^2$.

故

$$\int_{(0,0)}^{(1,1)} xy^2\mathrm{d}x + y\varphi(x)\mathrm{d}y = \int_0^1 0\mathrm{d}x + \int_0^1 y\mathrm{d}y = \frac{1}{2}$$

例 20 求曲线 $\begin{cases} x^2 + y^2 + z^2 = 1 \\ z = 1/2 \end{cases}$ 在坐标面上的投影方程.

解 (1) 消去变量 z 后得 $x^2 + y^2 = \dfrac{3}{4}$,在 xOy 面上的投影为

$$\begin{cases} x^2 + y^2 = \dfrac{3}{4} \\ z = 0 \end{cases}$$

(2) 因为曲线在平面 $z = \dfrac{1}{2}$ 上,所以在 xOz 面上的投影为线段

$$\begin{cases} z = 1/2 \\ y = 0 \end{cases} \quad \left(\mid x \mid \leqslant \frac{\sqrt{3}}{2}\right)$$

(3) 同理,在 yOz 面上的投影也为线段

$$\begin{cases} z = 1/2 \\ x = 0 \end{cases} \quad \left(\mid y \mid \leqslant \frac{\sqrt{3}}{2}\right)$$

例 21 计算 $\iint_\Sigma xyz\mathrm{d}x\mathrm{d}y$,其中 Σ 是球面 $x^2 + y^2 + z^2 = 1$ 外侧在 $x \geqslant 0, y \geqslant 0$ 的部分.

解 把 Σ 分成 Σ_1 和 Σ_2 两部分,$\Sigma_1: z_1 = \sqrt{1 - x^2 - y^2}$,$\Sigma_2: z_2 = -\sqrt{1 - x^2 - y^2}$,

$$\iint_\Sigma xyz\mathrm{d}x\mathrm{d}y = \iint_{\Sigma_1} xyz\mathrm{d}x\mathrm{d}y + \iint_{\Sigma_2} xyz\mathrm{d}x\mathrm{d}y =$$

$$\iint\limits_{D_{xy}} xy\sqrt{1-x^2-y^2}\,\mathrm{d}x\mathrm{d}y - \iint\limits_{D_{xy}} xy\left(-\sqrt{1-x^2-y^2}\right)\mathrm{d}x\mathrm{d}y =$$

$$2\iint\limits_{D_{xy}} xy\sqrt{1-x^2-y^2}\,\mathrm{d}x\mathrm{d}y = （利用极坐标）$$

$$2\iint\limits_{D_{xy}} r^2\sin\theta\sqrt{1-r^2}\,r\mathrm{d}r\mathrm{d}\theta = \frac{2}{15}$$

例 22　计算 $\iint\limits_{\Sigma}(z^2+x)\mathrm{d}y\mathrm{d}z - z\mathrm{d}x\mathrm{d}y$，其中 Σ 是旋转抛物面 $z=(x^2+y^2)/2$ 介于平面 $z=0$ 及 $z=2$ 之间的部分的下侧.

解　$\iint\limits_{\Sigma}(z^2+x)\mathrm{d}y\mathrm{d}z = \iint\limits_{\Sigma}(z^2+x)\cos\alpha\,\mathrm{d}S = \iint\limits_{\Sigma}(z^2+x)\dfrac{\cos\alpha}{\cos\gamma}\mathrm{d}x\mathrm{d}y$

在曲面 Σ 上，有 $\dfrac{\cos\alpha}{\cos\gamma} = \dfrac{z_x}{-1} = \dfrac{x}{-1} = -x$.

$$\iint\limits_{\Sigma}(z^2+x)\mathrm{d}y\mathrm{d}z - z\mathrm{d}x\mathrm{d}y = \iint\limits_{\Sigma}\left[(z^2+x)(-x)-z\right]\mathrm{d}x\mathrm{d}y =$$

$$-\iint\limits_{D_{xy}}\left\{\left[\frac{1}{4}(x^2+y^2)+x\right]\cdot(-x)-\frac{1}{2}(x^2+y^2)\right\}\mathrm{d}x\mathrm{d}y =$$

$$\iint\limits_{D_{xy}}\left[x^2+\frac{1}{2}(x^2+y^2)\right]\mathrm{d}x\mathrm{d}y = \int_0^{2\pi}\mathrm{d}\theta\int_0^2\left(r^2\cos^2\theta+\frac{1}{2}r^2\right)r\mathrm{d}r = 8\pi$$

例 23　计算 $\iint\limits_{\Sigma}(z^2-y)\mathrm{d}z\mathrm{d}x + (x^2-z)\mathrm{d}x\mathrm{d}y$，其中 Σ 为旋转抛物面 $z=1-x^2-y^2$ 在 $0\le z\le 1$ 部分的外侧.

解　作辅助平面 $\Sigma_1:z=0$，则平面 Σ_1 与曲面 Σ 围成空间有界闭区域 Ω，由高斯公式得

$$\iint\limits_{\Sigma}(z^2-y)\mathrm{d}z\mathrm{d}x + (x^2-z)\mathrm{d}x\mathrm{d}y =$$

$$\iint\limits_{\Sigma+\Sigma_1}(z^2-y)\mathrm{d}z\mathrm{d}x + (x^2-z)\mathrm{d}x\mathrm{d}y - \iint\limits_{\Sigma_1}(z^2-y)\mathrm{d}z\mathrm{d}x + (x^2-z)\mathrm{d}x\mathrm{d}y =$$

$$\iiint\limits_{\Omega}(-2)\mathrm{d}v - \iint\limits_{\Sigma_1}(x^2-z)\mathrm{d}x\mathrm{d}y =$$

$$-2\int_0^{2\pi}\mathrm{d}\theta\int_0^1\mathrm{d}r\int_0^{1-r^2}r\mathrm{d}z - \iint\limits_{D_{xy}}x^2\mathrm{d}\sigma =$$

$$4\pi\int_0^1 r(1-r^2)\mathrm{d}r - \int_0^{2\pi}\mathrm{d}\theta\int_0^1 r^2\cos^2\theta\cdot r\mathrm{d}r = -\pi + \frac{\pi}{4} = -\frac{3\pi}{4}$$

例 24　计算 $\iint\limits_{\Sigma}(x^2\cos\alpha + y^2\cos\beta + z^2\cos\gamma)\mathrm{d}S$，其中 Σ 为锥面 $x^2+y^2=z^2(0\le z\le h)$，$\cos\alpha,\cos\beta,\cos\gamma$ 为此曲面外法向量的方向余弦.

解　补充平面 $\Sigma_1:z=h(x^2+y^2\le h^2)$，取 Σ_1 的上侧，则 $\Sigma+\Sigma_1$ 构成封闭曲面，设其所围成空间区域为 Ω. 于是

$$\iint\limits_{\Sigma + \Sigma_1} (x^2\cos\alpha + y^2\cos\beta + z^2\cos\gamma)\,\mathrm{d}S =$$

$$2\iiint\limits_{\Omega} (x + y + z)\,\mathrm{d}v =$$

$$2\iint\limits_{D_{xy}} \mathrm{d}x\mathrm{d}y \int_{\sqrt{x^2+y^2}}^{h} (x + y + z)\,\mathrm{d}z =$$

$$2\iint\limits_{D_{xy}} \mathrm{d}x\mathrm{d}y \int_{\sqrt{x^2+y^2}}^{h} z\mathrm{d}z = \iint\limits_{D_{xy}} (h^2 - x^2 - y^2)\,\mathrm{d}x\mathrm{d}y = \int_0^{2\pi} \mathrm{d}\theta \int_0^h (h^2 - r^2) r\mathrm{d}r = \frac{1}{2}\pi h^4$$

而

$$\iint\limits_{\Sigma_1} (x^2\cos\alpha + y^2\cos\beta + z^2\cos\gamma)\,\mathrm{d}S = \iint\limits_{\Sigma_1} z^2\mathrm{d}x\mathrm{d}y = \iint\limits_{D_{xy}} h^2\mathrm{d}x\mathrm{d}y = \pi h^4$$

故

$$\iint\limits_{\Sigma} (x^2\cos\alpha + y^2\cos\beta + z^2\cos\gamma)\,\mathrm{d}S = \frac{1}{2}\pi h^4 - \pi h^4 = -\frac{1}{2}\pi h^4$$

例 25 计算曲线积分 $\oint_{\Gamma} z\mathrm{d}x + x\mathrm{d}y + y\mathrm{d}z$，其中 Γ 是平面 $x + y + z = 1$ 被三坐标面所截成的三角形的整个边界，它的正向与这个三角形上侧的法向量之间符合右手规则.

解 按斯托克斯公式，有

$$\oint_{\Gamma} z\mathrm{d}x + x\mathrm{d}y + y\mathrm{d}z = \iint\limits_{\Sigma} \mathrm{d}y\mathrm{d}z + \mathrm{d}z\mathrm{d}x + \mathrm{d}x\mathrm{d}y$$

由于 Σ 的法向量的三个方向余弦都为正，再由对称性知

$$\iint\limits_{\Sigma} \mathrm{d}y\mathrm{d}z + \mathrm{d}z\mathrm{d}x + \mathrm{d}x\mathrm{d}y = 3\iint\limits_{D_{xy}} \mathrm{d}\sigma$$

所以

$$\oint_{\Gamma} z\mathrm{d}x + x\mathrm{d}y + y\mathrm{d}z = \frac{3}{2}$$

例 26 计算 $\oint_{\Gamma} (y^2 + z^2)\,\mathrm{d}x + (x^2 + z^2)\,\mathrm{d}y + (x^2 + y^2)\,\mathrm{d}z$，式中 Γ 是

$$x^2 + y^2 + z^2 = 2Rx, \quad x^2 + y^2 = 2rx \quad (0 < r < R, z > 0)$$

此曲线是顺着如下方向前进的：由它所包围在球面 $x^2 + y^2 + z^2 = 2Rx$ 上的最小区域保持在左方.

解 由斯托克斯公式，有

$$原式 = 2\iint\limits_{\Sigma} [(y - z)\cos\alpha + (z - x)\cos\beta + (x - y)\cos\gamma]\,\mathrm{d}S =$$

$$\iint\limits_{\Sigma} \left[(y - z)\left(\frac{x}{R} - 1\right) + (z - x)\frac{y}{R} + (x - y)\frac{z}{R}\right]\mathrm{d}S =$$

$$2\iint\limits_{\Sigma} (z - y)\,\mathrm{d}S (利用对称性) = \iint\limits_{\Sigma} z\mathrm{d}S = \iint\limits_{\Sigma} R\cos\gamma\,\mathrm{d}S =$$

$$\iint\limits_{\Sigma} R \mathrm{d}x\mathrm{d}y = R \iint\limits_{x^2+y^2\le 2rx} \mathrm{d}\sigma = \pi r^2 R$$

10.3　同步题解析

习题 10.1 解答

1. 设平面薄板所占 xOy 面上的区域为 $1 \le x^2 + y^2 \le 4, x \ge 0, y \ge 0$,其面密度为 $\mu(x, y) = x^2 + y^2$,试用二重积分表示薄板的质量.

解　设平面薄板所占 xOy 平面上的区域为 D

$$D = \{(x,y) \mid 1 \le x^2 + y^2 \le 4\}$$

其密度设为 $\mu(x,y) = x^2 + y^2$,所以其质量

$$M = \iint\limits_{D} \mu(x,y)\mathrm{d}\sigma = \iint\limits_{D}(x^2 + y^2)\mathrm{d}\sigma$$

2. 利用二重积分的定义证明:

(1) $\iint\limits_{D}\mathrm{d}\sigma = A$($A$ 为区域 D 的面积);

(2) $\iint\limits_{D}kf(x,y)\mathrm{d}\sigma = k\iint\limits_{D}f(x,y)\mathrm{d}\sigma$,$k$ 为常数;

(3) $\iint\limits_{D}f(x,y)\mathrm{d}\sigma = \iint\limits_{D_1}f(x,y)\mathrm{d}\sigma + \iint\limits_{D_2}f(x,y)\mathrm{d}\sigma$,$D = D_1 \cup D_2$,$D_1, D_2$ 为两个无公共内点的闭区域.

解　(1) 将 D 任意分割成 n 个小区域 $\Delta\sigma_1, \Delta\sigma_2, \cdots, \Delta\sigma_n$,同时以 $\Delta\sigma_i(i = 1,2,\cdots,n)$ 表示其面积,$d_i(i = 1,2,\cdots,n)$ 表示小区域 $\Delta\sigma_i$ 的直径,$\lambda = \max\limits_{i}\{d_i\}$,由二重积分定义

$$\iint\limits_{D}\mathrm{d}\sigma = \lim\limits_{\lambda \to 0}\sum_{i=1}^{n}\Delta\sigma_i = A$$

(2) 同上,由二重积分定义

$$\iint\limits_{D}kf(x,y)\mathrm{d}\sigma = \lim\limits_{\lambda \to 0}\sum_{i=1}^{n}kf(\xi_i,\eta_i)\Delta\sigma_i = k\lim\limits_{\lambda \to 0}\sum_{i=1}^{n}f(\xi_i,\eta_i)\Delta\sigma_i = k\iint\limits_{D}f(x,y)\mathrm{d}\sigma$$

(3) 将 D 任意分割成 n 个小区域,且 D_1 与 D_2 的分界线作为小区域的边界,不妨设 $\Delta\sigma_1, \Delta\sigma_2, \cdots, \Delta\sigma_l$ 属于 D_1, $\Delta\sigma_{l+1}, \cdots, \Delta\sigma_n$ 属于 D_2,在 $\Delta\sigma_i(i = 1,2,\cdots,n)$ 的内部任取一点 (ξ_i, η_i),由二重积分的定义

$$\iint\limits_{D}kf(x,y)\mathrm{d}\sigma = \lim\limits_{\lambda \to 0}\sum_{i=1}^{n}f(\xi_i,\eta_i)\Delta\sigma_i = \lim\limits_{\lambda \to 0}\sum_{i=1}^{l}f(\xi_i,\eta_i)\Delta\sigma_i + \lim\limits_{\lambda \to 0}\sum_{i=l+1}^{n}f(\xi_i,\eta_i)\Delta\sigma_i =$$

$$\iint\limits_{D_1}f(x,y)\mathrm{d}\sigma + \iint\limits_{D_2}f(x,y)\mathrm{d}\sigma$$

3. 根据二重积分的性质,比较下列积分的大小:

(1) $\iint\limits_{D}(x + y)^2\mathrm{d}\sigma$ 与 $\iint\limits_{D}(x + y)^3\mathrm{d}\sigma$,其中 D 是由圆 $(x - 2)^2 + (y - 1)^2 = 2$ 所围成的

闭区域;

(2) $\iint\limits_D \ln(x+y)\mathrm{d}\sigma$ 与 $\iint\limits_D \ln^2(x+y)\mathrm{d}\sigma$,其中 $D = \{(x,y)\,|\,3\leqslant x\leqslant 5,0\leqslant y\leqslant 1\}$.

解 (1) 因为对任意$(x,y)\in D$,有 $0\leqslant x+y\leqslant 1$,所以 $(x+y)^2\geqslant(x+y)^3$,故

$$\iint\limits_D (x+y)^2\mathrm{d}\sigma \geqslant \iint\limits_D (x+y)^3\mathrm{d}\sigma$$

(2) 因为对任意$(x,y)\in D$,有 $3\leqslant x+y\leqslant 6$,所以 $\ln(x+y)\geqslant 1$,$\ln(x+y)\leqslant \ln^2(x+y)$,故 $\iint\limits_D \ln(x+y)\mathrm{d}\sigma \leqslant \iint\limits_D \ln^2(x+y)\mathrm{d}\sigma$.

4. 利用二重积分的性质估计下列积分的值:

$(1) I = \iint\limits_D \mathrm{e}^{-x^2-y^2}\mathrm{d}\sigma$,其中 D 是圆形区域 $x^2+y^2\leqslant 1$;

$(2) I = \iint\limits_D (x^2+4y^2+9)\mathrm{d}\sigma$,其中 D 是圆形区域 $x^2+y^2\leqslant 4$.

解 (1) 因为 $0\leqslant x^2+y^2\leqslant 1$,所以 $\dfrac{1}{\mathrm{e}}\leqslant \mathrm{e}^{-x^2-y^2}\leqslant 1$,所以

$$\frac{\pi}{\mathrm{e}} \leqslant \iint\limits_D \mathrm{e}^{-x^2-y^2}\mathrm{d}\sigma \leqslant \pi$$

(2) 因为 $0\leqslant x^2+y^2\leqslant 4$,所以 $9\leqslant x^2+4y^2+9\leqslant 25$,故

$$36\pi \leqslant \iint\limits_D (x^2+4y^2+9)\mathrm{d}\sigma \leqslant 25\iint\limits_D \mathrm{d}\sigma = 100\pi$$

习题 10.2 解答

1. 画出下列积分区域的图形,并计算下列二重积分:

$(1) \iint\limits_D (x^2+y^2)\mathrm{d}\sigma$,其中 $D = \{(x,y)\,|\,|x|\leqslant 1,|y|\leqslant 1\}$;

$(2) \iint\limits_D \cos(x+y)\mathrm{d}\sigma$,其中 D 是由 $x=0$,$y=\pi$,$y=x$ 所围成的区域;

$(3) \iint\limits_D x^2 y\mathrm{d}\sigma$,其中 $D = \{(x,y)\,|\,x^2+y^2\leqslant 4,y\geqslant 0\}$;

$(4) \iint\limits_D x\sqrt{y}\mathrm{d}\sigma$,其中 D 是由两条抛物线 $y=\sqrt{x}$,$y=x^2$ 所围成的闭区域;

$(5) \iint\limits_D (1-y)\mathrm{d}\sigma$,其中 D 是由抛物线 $y^2=x$ 与直线 $x+y=2$ 所围成的闭区域.

解 (1) 积分区域 $D = \{(x,y)\,|\,-1\leqslant x\leqslant 1,\,-1\leqslant y\leqslant 1\}$

$$\iint\limits_D (x^2+y^2)\mathrm{d}\sigma = \int_{-1}^1 \mathrm{d}x\int_{-1}^1 (x^2+y^2)\mathrm{d}y = \int_{-1}^1 (2x^2+\frac{2}{3})\mathrm{d}x = \frac{8}{3}$$

(2) 积分区域 $D = \{(x,y)\,|\,0\leqslant x\leqslant y,1\leqslant y\leqslant \pi\}$

$$\iint\limits_D \cos(x+y)\mathrm{d}\sigma = \int_0^\pi \mathrm{d}y\int_0^y \cos(x+y)\mathrm{d}x = \int_0^\pi (\sin 2y - \sin y)\mathrm{d}y = -2$$

(3) 积分区域 $D = \{(x,y)\,|\,0\leqslant y\leqslant \sqrt{4-x^2},\,-2\leqslant x\leqslant 2\}$

$$\iint\limits_{D} x^2 y \mathrm{d}\sigma = \int_{-2}^{2} \mathrm{d}x \int_{0}^{\sqrt{4-x^2}} x^2 y \mathrm{d}y = \frac{1}{2}\int_{-2}^{2} x^2(4-x^2)\mathrm{d}x = \frac{64}{15}$$

(4) 积分区域 $D = \{(x,y) \mid x^2 \leqslant y \leqslant \sqrt{x}, 0 \leqslant x \leqslant 1\}$

$$\iint\limits_{D} x\sqrt{y}\mathrm{d}\sigma = \int_{0}^{1}\mathrm{d}x\int_{x^2}^{\sqrt{x}} x\sqrt{y}\mathrm{d}y = \frac{2}{3}\int_{0}^{1} x(x^{\frac{3}{4}}-x^3)\mathrm{d}x = \frac{6}{55}$$

(5) 由 $\begin{cases} y^2 = x \\ x + y = 2 \end{cases}$ 得交点 $(1,1),(4,-2)$，则积分区域 $D = \{(x,y) \mid y^2 \leqslant x \leqslant 2-y, -2 \leqslant y \leqslant 1\}$，故

$$\iint\limits_{D}(1-y)\mathrm{d}\sigma = \int_{-2}^{1}\mathrm{d}y\int_{y^2}^{2-y}(1-y)\mathrm{d}x = \int_{-2}^{1}(1-y)(2-y-y^2)\mathrm{d}y = \frac{27}{4}$$

2. 利用极坐标计算下列二重积分：

(1) $\iint\limits_{D}\sin\sqrt{x^2+y^2}\mathrm{d}\sigma$，其中 D 为圆环 $\pi^2 \leqslant x^2 + y^2 \leqslant 4\pi^2$ 所围成的区域；

(2) $\iint\limits_{D}e^{x^2+y^2}\mathrm{d}\sigma$，其中 D 是由圆周 $x^2 + y^2 = 4$ 所围成的闭区域；

(3) $\iint\limits_{D}\ln(1+x^2+y^2)\mathrm{d}\sigma$，其中 D 是由圆周 $x^2 + y^2 = 1$ 及坐标轴所围成的第一卦限内的闭区域.

解 (1) 积分区域 D 在极坐标系下表示为 $\pi \leqslant \rho \leqslant 2\pi, 0 \leqslant \theta \leqslant 2\pi$，则

$$\iint\limits_{D}\sin\sqrt{x^2+y^2}\mathrm{d}\sigma = \int_{0}^{2\pi}\mathrm{d}\theta\int_{\pi}^{2\pi}\sin\rho\cdot\rho\mathrm{d}\rho =$$

$$\int_{0}^{2\pi}\left[-\rho\cos\rho\,\Big|_{\pi}^{2\pi} + \int_{\pi}^{2\pi}\cos\rho\mathrm{d}\rho\right]\mathrm{d}\theta = -6\pi^2$$

(2) 积分区域 D 在极坐标系下表示为 $0 \leqslant \rho \leqslant 2, 0 \leqslant \theta \leqslant 2\pi$，则

$$\iint\limits_{D}e^{x^2+y^2}\mathrm{d}\sigma = \int_{0}^{2\pi}\mathrm{d}\theta\int_{0}^{2}e^{\rho^2}\cdot\rho\mathrm{d}\rho = \pi(e^4-1)$$

(3) 积分区域 D 在极坐标系下表示为 $0 \leqslant \rho \leqslant 1, 0 \leqslant \theta \leqslant \frac{\pi}{2}$，则

$$\iint\limits_{D}\ln(1+x^2+y^2)\mathrm{d}\sigma = \int_{0}^{\frac{\pi}{2}}\mathrm{d}\theta\int_{0}^{1}\ln(1+\rho^2)\cdot\rho\mathrm{d}\rho =$$

$$\frac{\pi}{2}\left[\frac{1}{2}\rho^2\ln(1+\rho^2)\,\Big|_{0}^{1} - \frac{1}{2}\int_{0}^{1}\rho^2\frac{2\rho}{1+\rho^2}\mathrm{d}\rho\right] =$$

$$\frac{\pi}{4}\ln 2 - \frac{\pi}{2}\int_{0}^{1}\frac{\rho^3}{1+\rho^2}\mathrm{d}\rho = \frac{2\ln 2 - 1}{4}\pi$$

3. 改变下列二次积分的积分次序：

(1) $\int_{0}^{1}\mathrm{d}x\int_{0}^{x}f(x,y)\mathrm{d}y$；

(2) $\int_{0}^{2}\mathrm{d}x\int_{x^2}^{2x}f(x,y)\mathrm{d}y$；

（3）$\int_1^e \mathrm{d}x \int_0^{\ln x} f(x,y) \mathrm{d}y$；

（4）$\int_0^1 \mathrm{d}y \int_0^{2y} f(x,y) \mathrm{d}x + \int_1^3 \mathrm{d}y \int_0^{3-y} f(x,y) \mathrm{d}x.$

解　（1）积分区域 $D = \{(x,y) \mid 0 \leqslant y \leqslant x, 0 \leqslant x \leqslant 1\}$，将 D 表示为 Y 型不等式形式

$$D = \{(x,y) \mid y \leqslant x \leqslant 1, 0 \leqslant y \leqslant 1\}$$

所以

$$\int_0^1 \mathrm{d}x \int_0^x f(x,y) \mathrm{d}y = \int_0^1 \mathrm{d}y \int_y^1 f(x,y) \mathrm{d}x$$

（2）积分区域 $D = \{(x,y) \mid x^2 \leqslant y \leqslant 2x, 0 \leqslant x \leqslant 2\}$，将 D 表示为 Y 型不等式形式

$$D = \{(x,y) \mid \frac{y}{2} \leqslant x \leqslant \sqrt{y}, 0 \leqslant y \leqslant 4\}$$

所以

$$\int_0^2 \mathrm{d}x \int_{x^2}^{2x} f(x,y) \mathrm{d}y = \int_0^4 \mathrm{d}y \int_{\frac{y}{2}}^{\sqrt{y}} f(x,y) \mathrm{d}x$$

（3）积分区域 $D = \{(x,y) \mid 0 \leqslant y \leqslant \ln x, 1 \leqslant x \leqslant e\}$，将 D 表示为 Y 型不等式形式

$$D = \{(x,y) \mid e^y \leqslant x \leqslant e, 0 \leqslant y \leqslant 1\}$$

所以

$$\int_1^e \mathrm{d}x \int_0^{\ln x} f(x,y) \mathrm{d}y = \int_0^1 \mathrm{d}y \int_{e^y}^e f(x,y) \mathrm{d}x$$

（4）积分区域 $D = \{(x,y) \mid 0 \leqslant y \leqslant 1, 0 \leqslant x \leqslant 2y\} \cup \{(x,y) \mid 0 \leqslant x \leqslant 3-y, 1 \leqslant y \leqslant 3\}$，将 D 表示为 X 型不等式形式 $D = \{(x,y) \mid \frac{x}{2} \leqslant y \leqslant 3-x, 0 \leqslant x \leqslant 2\}$，所以

$$\int_0^1 \mathrm{d}y \int_0^{2y} f(x,y) \mathrm{d}x + \int_1^3 \mathrm{d}y \int_0^{3-y} f(x,y) \mathrm{d}x = \int_0^2 \mathrm{d}x \int_{\frac{x}{2}}^{3-x} f(x,y) \mathrm{d}y$$

4. 计算下列立体的体积：

（1）由四个平面 $x=0, y=0, x=1, y=1$ 所围成的柱体被平面 $z=0$ 及 $2x+3y+z=6$ 截得的立体；

（2）由平面 $x=0, y=0, x+y=1$ 所围成的柱体被平面 $z=0$ 及抛物面 $x^2+y^2=6-z$ 截得的立体.

解　（1）平面所围成的立体在 xOy 面上的投影区域

$$D: 0 \leqslant y \leqslant 1, 0 \leqslant x \leqslant 1$$

立体体积

$$V = \iint\limits_D (6-2x-3y) \mathrm{d}\sigma = \int_0^1 \mathrm{d}x \int_0^1 (6-2x-3y) \mathrm{d}y = \int_0^1 (6-2x-\frac{3}{2}) \mathrm{d}y = \frac{7}{2}$$

（2）立体在 xOy 面上的投影区域 $D: 0 \leqslant y \leqslant 1-x, 0 \leqslant x \leqslant 1$，立体体积

$$V = \iint\limits_D (6-x^2-y^2) \mathrm{d}\sigma = \int_0^1 \mathrm{d}x \int_0^{1-x} (6-x^2-y^2) \mathrm{d}y =$$

$$\int_0^1 [(6-x^2)(1-x) - \frac{1}{3}(1-x)^3] \mathrm{d}x = \frac{17}{6}$$

5. 选用适当的坐标系计算下列二重积分：

(1) $\iint\limits_{D}\dfrac{x^2}{y^2}\mathrm{d}\sigma$，其中 D 是由直线 $x = 2$，$y = x$ 与双曲线 $xy = 1$ 所围成的闭区域；

(2) $\iint\limits_{D}xy\mathrm{d}\sigma$，其中 $D = \{(x,y)\mid x^2 + y^2 \leq 1, x \geq 0, y \geq 0\}$.

解　(1) D 在直角坐标系下表示为：$\dfrac{1}{x} \leq y \leq x$，$1 \leq x \leq 2$，所以

$$\iint\limits_{D}\frac{x^2}{y^2}\mathrm{d}\sigma = \int_1^2 x^2 \mathrm{d}x \int_{\frac{1}{x}}^{x}\frac{1}{y^2}\mathrm{d}y = \int_1^2 x^2\left(x - \frac{1}{x}\right)\mathrm{d}x = \int_1^2 (x^3 - x)\mathrm{d}x = \frac{9}{4}$$

(2) D 在极坐标系下表示为：$0 \leq \rho \leq 1$，$0 \leq \theta \leq \dfrac{\pi}{2}$，所以

$$\iint\limits_{D}xy\mathrm{d}\sigma = \int_0^{\frac{\pi}{2}}\mathrm{d}\theta\int_0^1 \rho\cos\theta \cdot \rho\sin\theta \cdot \rho\mathrm{d}\rho = \int_0^{\frac{\pi}{2}}\sin\theta\cos\theta\mathrm{d}\theta\int_0^1 \rho^3\mathrm{d}\rho = \frac{1}{4}\int_0^{\frac{\pi}{2}}\sin\theta\mathrm{d}\sin\theta = \frac{1}{8}$$

6. 设平面薄片占据的闭区域 D 是由螺线 $\rho = 2\theta$ 的一段弧 $\left(0 \leq \theta \leq \dfrac{\pi}{2}\right)$ 与射线 $\theta = \dfrac{\pi}{2}$ 所围成，它的面密度 $\mu(x,y) = \sqrt{x^2 + y^2}$，求该薄片的质量.

解　D 在极坐标系下表示为：$0 \leq \rho \leq 2\theta$，$0 \leq \theta \leq \dfrac{\pi}{2}$，则

$$M = \iint\limits_{D}\mu(x,y)\mathrm{d}\sigma = \iint\limits_{D}\sqrt{x^2 + y^2}\mathrm{d}\sigma = \int_0^{\frac{\pi}{2}}\mathrm{d}\theta\int_0^{2\theta}\rho^2\mathrm{d}\rho = \int_0^{\frac{\pi}{2}}\frac{8}{3}\theta^3\mathrm{d}\theta = \frac{\pi^4}{24}$$

习题 10.3 解答

1. 化三重积分 $\iiint\limits_{\Omega}f(x,y,z)\mathrm{d}v$ 为直角坐标系下的累次积分，其中积分区域 Ω 分别为：

(1) 由三个坐标面与平面 $6x + 3y + 2z - 6 = 0$ 所围成；

(2) 由旋转抛物面 $z = x^2 + y^2$ 与平面 $z = 1$ 所围成；

(3) 由圆锥面 $z = \sqrt{x^2 + y^2}$ 与上半球 $z = \sqrt{2 - x^2 - y^2}$ 所围成.

解　(1) 将 Ω 表示成不等式形式：$0 \leq z \leq \dfrac{1}{2}(6 - 6x - 3y)$，$0 \leq y \leq 2 - 2x$，$0 \leq x \leq 1$，所以

$$\iiint\limits_{\Omega}f(x,y,z)\mathrm{d}v = \int_0^1 \mathrm{d}x\int_0^{2-2x}\mathrm{d}y\int_0^{\frac{1}{2}(6-6x-3y)}f(x,y,z)\mathrm{d}z$$

(2) 将 Ω 表示成不等式形式：$x^2 + y^2 \leq z \leq 1$，$-\sqrt{1-x^2} \leq y \leq \sqrt{1-x^2}$，$-1 \leq x \leq 1$，所以

$$\iiint\limits_{\Omega}f(x,y,z)\mathrm{d}v = \int_{-1}^1 \mathrm{d}x\int_{-\sqrt{1-x^2}}^{\sqrt{1-x^2}}\mathrm{d}y\int_{x^2+y^2}^1 f(x,y,z)\mathrm{d}z$$

(3) 将 Ω 表示成不等式形式

$\sqrt{x^2 + y^2} \leq z \leq \sqrt{2 - x^2 - y^2}$，$-\sqrt{1-x^2} \leq y \leq \sqrt{1-x^2}$，$-1 \leq x \leq 1$，所以

$$\iiint\limits_{\Omega} f(x,y,z)\mathrm{d}v = \int_{-1}^{1}\mathrm{d}x\int_{-\sqrt{1-x^2}}^{\sqrt{1-x^2}}\mathrm{d}y\int_{\sqrt{x^2+y^2}}^{\sqrt{2-x^2-y^2}}f(x,y,z)\mathrm{d}z$$

2. 计算下列三重积分:

(1) $\iiint\limits_{\Omega}xy\mathrm{d}v$,其中 Ω 是由三个坐标面与平面 $x+\dfrac{y}{2}+\dfrac{z}{3}=1$ 所围成的闭区域;

(2) $\iiint\limits_{\Omega}xyz\mathrm{d}v$,其中 Ω 是由双曲面 $z=xy$ 与平面 $y=x,x=1$ 及 $z=0$ 所围成的区域;

(3) $\iiint\limits_{\Omega}z^2\mathrm{d}v$,其中 Ω 是由上半球面 $z=\sqrt{1-x^2-y^2}$ 与平面 $z=0$ 所围成的闭区域;

(4) $\iiint\limits_{\Omega}z^2\mathrm{d}v$,其中 Ω 是由球面 $x^2+y^2+z^2=2z$ 所围成的闭区域.

解 (1) 将 Ω 表示成不等式形式: $0\leqslant z\leqslant 3-3x-\dfrac{3}{2}y,0\leqslant y\leqslant 2-2x,0\leqslant x\leqslant 1$,所以

$$\iiint\limits_{\Omega}xy\mathrm{d}v = \int_0^1 x\mathrm{d}x\int_0^{2-2x}y\mathrm{d}y\int_0^{3-3x-\frac{3}{2}y}\mathrm{d}z=$$
$$\int_0^1 x\mathrm{d}x\int_0^{2-2x}y\left(3-3x-\dfrac{3}{2}y\right)\mathrm{d}y=$$
$$\int_0^1 x\left[6(1-x)^3-4(1-x)^3\right]\mathrm{d}x=\int_0^1 2x(1-x)^3\mathrm{d}x=\dfrac{1}{10}$$

(2) 将 Ω 表示成不等式形式: $0\leqslant z\leqslant xy,0\leqslant y\leqslant x,0\leqslant x\leqslant 1$,所以

$$\iiint\limits_{\Omega}xyz\mathrm{d}v=\int_0^1 x\mathrm{d}x\int_0^x y\mathrm{d}y\int_0^{xy}z\mathrm{d}z=\dfrac{1}{2}\int_0^1 x\mathrm{d}x\int_0^x x^2y^3\mathrm{d}y=\dfrac{1}{8}\int_0^1 x^3\cdot x^4\mathrm{d}x=\dfrac{1}{64}$$

(3) 先二后一法:

将 Ω 表示为: $0\leqslant z\leqslant 1$,对任意 $0\leqslant z\leqslant 1$, D_z 为: $x^2+y^2\leqslant 1-z^2$,故

$$\iiint\limits_{\Omega}z^2\mathrm{d}v=\int_0^1 z^2\mathrm{d}z\iint\limits_{D_z}\mathrm{d}x\mathrm{d}y=\int_0^1 z^2\pi(1-z^2)\mathrm{d}z=\dfrac{1}{15}\pi$$

(4) 先二后一法:

将 Ω 表示为: $0\leqslant z\leqslant 2$,对任意 $0\leqslant z\leqslant 2$, D_z 为: $x^2+y^2\leqslant 2z-z^2$,故

$$\iiint\limits_{\Omega}z^2\mathrm{d}v=\int_0^2 z^2\mathrm{d}z\iint\limits_{D_z}\mathrm{d}x\mathrm{d}y=\int_0^2 z^2\pi(2z-z^2)\mathrm{d}z=\dfrac{8}{5}\pi$$

3. 利用柱坐标计算下面三重积分:

(1) $\iiint\limits_{\Omega}z\mathrm{d}v$,其中 Ω 是由上半球面 $z=\sqrt{2-x^2-y^2}$ 与旋转抛物面 $z=x^2+y^2$ 所围成的闭区域;

(2) $\iiint\limits_{\Omega}z\sqrt{x^2+y^2}\mathrm{d}v$,其中 Ω 是由旋转抛物面 $z=x^2+y^2$ 与平面 $z=1$ 所围成的闭区域.

解 (1) 将 Ω 在柱面坐标系下表示成不等式形式

$$\rho^2\leqslant z\leqslant\sqrt{2-\rho^2},0\leqslant\rho\leqslant 1,0\leqslant\theta\leqslant 2\pi$$

故

$$\iiint\limits_{\Omega} z\mathrm{d}v = \int_0^{2\pi}\mathrm{d}\theta\int_0^1\rho\mathrm{d}\rho\int_{\rho^2}^{\sqrt{2-\rho^2}}z\mathrm{d}z =$$

$$2\pi\int_0^1\rho\cdot\frac{1}{2}(2-\rho^2-\rho^4)\mathrm{d}\rho = \frac{7}{12}\pi$$

（2）将 Ω 在柱面坐标系下表示成不等式形式

$$\rho^2 \leqslant z \leqslant 1, 0 \leqslant \rho \leqslant 1, 0 \leqslant \theta \leqslant 2\pi$$

故

$$\iiint\limits_{\Omega} z\sqrt{x^2+y^2}\,\mathrm{d}v = \int_0^{2\pi}\mathrm{d}\theta\int_0^1\rho\mathrm{d}\rho\int_{\rho^2}^1 z\mathrm{d}z =$$

$$2\pi\int_0^1\rho\cdot\frac{1}{2}(1-\rho^4)\,\mathrm{d}\rho = \frac{4}{27}\pi$$

4. 利用球坐标计算下列三重积分：

（1）$\iiint\limits_{\Omega}(x^2+y^2+z^2)\mathrm{d}v$，其中 Ω 是由球面 $x^2+y^2+z^2=1$ 所围成的闭区域；

（2）$\iiint\limits_{\Omega} z\mathrm{d}v$，其中 Ω 是由不等式 $x^2+y^2+(z-a)^2 \leqslant a^2, x^2+y^2 \leqslant z^2$ 所确定.

解　（1）将 Ω 在球面坐标系下表示成不等式形式

$$0 \leqslant r \leqslant 1, 0 \leqslant \varphi \leqslant \pi, 0 \leqslant \theta \leqslant 2\pi$$

故

$$\iiint\limits_{\Omega}(x^2+y^2+z^2)\mathrm{d}v = \int_0^{2\pi}\mathrm{d}\theta\int_0^{\pi}\sin\varphi\mathrm{d}\varphi\int_0^1 r^2\cdot r^2\mathrm{d}r =$$

$$2\pi\cdot2\cdot\frac{1}{5} = \frac{4}{5}\pi$$

（2）将 Ω 在球面坐标系下表示成不等式形式

$$0 \leqslant r \leqslant 2a\cos\varphi, \frac{\pi}{4} \leqslant \varphi \leqslant \frac{\pi}{2}, 0 \leqslant \theta \leqslant 2\pi$$

故

$$\iiint\limits_{\Omega} z\mathrm{d}v = \int_0^{2\pi}\mathrm{d}\theta\int_{\frac{\pi}{4}}^{\frac{\pi}{2}}\sin\varphi\mathrm{d}\varphi\int_0^{2a\cos\varphi}r\cos\varphi\cdot r^2\mathrm{d}r =$$

$$2\pi\int_{\frac{\pi}{4}}^{\frac{\pi}{2}}\sin\varphi\cos\varphi\cdot\frac{1}{4}(2a\cos\varphi)^4\mathrm{d}\varphi =$$

$$8\pi a^4\int_{\frac{\pi}{4}}^{\frac{\pi}{2}}\sin\varphi\cos^5\varphi\mathrm{d}\varphi = 8\pi a^4\cdot\frac{1}{6}\left(\frac{1}{\sqrt{2}}\right)^6 = \frac{\pi}{6}a^4$$

5. 利用三重积分计算下列由曲面所围成的立体的体积：

（1）$z = \sqrt{x^2+y^2}$ 及 $z = 6-x^2-y^2$；

（2）$z = \sqrt{x^2+y^2}$ 及 $z = x^2+y^2$.

解　（1）将立体所占的区域 Ω 表示成柱面坐标系下的不等式

$$\rho \leqslant z \leqslant 6 - \rho^2, 0 \leqslant \rho \leqslant 2, 0 \leqslant \theta \leqslant 2\pi$$

故

$$V = \iiint\limits_{\Omega} \mathrm{d}v = \int_0^{2\pi} \mathrm{d}\theta \int_0^2 \rho \mathrm{d}\rho \int_{\rho}^{6-\rho^2} \mathrm{d}z = 2\pi \int_0^2 \rho(6 - \rho^2 - \rho)\mathrm{d}\rho = \frac{32}{3}\pi$$

（2）将立体所占的区域 Ω 表示成柱面坐标系下的不等式

$$\rho^2 \leqslant z \leqslant \rho, 0 \leqslant \rho \leqslant 1, 0 \leqslant \theta \leqslant 2\pi$$

故

$$V = \iiint\limits_{\Omega} \mathrm{d}v = \int_0^{2\pi} \mathrm{d}\theta \int_0^1 \rho \mathrm{d}\rho \int_{\rho^2}^{\rho} \mathrm{d}z = 2\pi \int_0^1 \rho(\rho - \rho^2)\mathrm{d}\rho = \frac{\pi}{6}$$

6. 球心在原点，半径为 R 的球体，在其上任意一点的密度的大小与这点到球心的距离成正比，求这球体的质量.

解 由题意，球面方程为 $x^2 + y^2 + z^2 = R^2$，球体上任意点的密度为

$$\mu(x, y, z) = k\sqrt{x^2 + y^2 + z^2} \quad (k > 0 \text{ 为常数})$$

则

$$M = \iiint\limits_{\Omega} \mu(x, y, z)\mathrm{d}v = \int_0^{2\pi} \mathrm{d}\theta \int_0^{\pi} \sin\varphi \mathrm{d}\varphi \int_0^k kr \cdot r^2 \mathrm{d}r = k\pi R^4$$

习题 10.4 解答

1. 求上半球面 $z = \sqrt{a^2 - x^2 - y^2}$ 含在圆柱面 $x^2 + y^2 = ax$ 内部的那部分曲面的面积.

解 曲面在 xOy 面上的投影区域

$$D = \{(x, y) \mid x^2 + y^2 \leqslant ax\}$$

曲面方程：$z = \sqrt{a^2 - x^2 - y^2}$，面积元素 $\mathrm{d}S = \sqrt{1 + z_x^2 + z_y^2}\,\mathrm{d}x\mathrm{d}y = \dfrac{a}{\sqrt{a^2 - x^2 - y^2}}\mathrm{d}x\mathrm{d}y$

故曲面面积

$$S = \iint\limits_{D} \mathrm{d}S = \iint\limits_{D} \frac{a}{\sqrt{a^2 - x^2 - y^2}}\mathrm{d}x\mathrm{d}y =$$

$$\int_{-\frac{\pi}{2}}^{\frac{\pi}{2}} \mathrm{d}\theta \int_0^{a\cos\theta} \frac{a\rho}{\sqrt{a^2 - \rho^2}}\mathrm{d}\rho = \int_{-\frac{\pi}{2}}^{\frac{\pi}{2}} a(a - \sqrt{a^2 - a^2\cos^2\theta})\mathrm{d}\theta = a^2(\pi - 2)$$

2. 求圆锥面 $z = \sqrt{x^2 + y^2}$ 被柱面 $z^2 = 2x$ 所割下的部分曲面的面积.

解 曲线 $\begin{cases} z = \sqrt{x^2 + y^2} \\ z^2 = 2x \end{cases}$ 在 xOy 面上的投影面：$x^2 + y^2 = 2x$，被截下部分曲面在 xOy 面上的投影区域 $D: x^2 + y^2 \leqslant 2x$，曲面方程：$z = x^2 + y^2$

$$\mathrm{d}S = \sqrt{1 + z_x^2 + z_y^2}\,\mathrm{d}x\mathrm{d}y = \sqrt{2}\,\mathrm{d}x\mathrm{d}y$$

所以

$$S = \iint\limits_{D} \mathrm{d}S = \iint\limits_{D} \sqrt{1 + z_x^2 + z_y^2}\,\mathrm{d}x\mathrm{d}y = \iint\limits_{D} \sqrt{2}\,\mathrm{d}x\mathrm{d}y = \sqrt{2}\pi$$

3. 求底圆半径相等的两个直交圆柱面 $x^2 + y^2 = R^2$ 及 $x^2 + z^2 = R^2$ 所围成的立体的表面积.

解　设圆柱面 $x^2 + z^2 = R^2$ 被圆柱面 $x^2 + y^2 = R^2$ 截下第一卦限部分曲面的面积为 S_1，则由对称性，所求立体的表面积 $S = 16S_1, z = \sqrt{R^2 - x^2}$，

$$dS = \sqrt{1 + z_x^2 + z_y^2}\,dxdy = \frac{R}{\sqrt{R^2 - x^2}}dxdy$$

记 $D = \{(x,y) \mid x^2 + y^2 \leqslant R^2, x \geqslant 0, y \geqslant 0\}$，则

$$S_1 = \iint\limits_{D} dS = \iint\limits_{D} \frac{R}{\sqrt{R^2 - x^2}}dxdy = \int_0^R dx \int_0^{\sqrt{R^2-x^2}} \frac{R}{\sqrt{R^2 - x^2}}dy = \int_0^R R dx = R^2$$

则

$$S = 16S_1 = 16R^2$$

4. 圆盘 $x^2 + y^2 \leqslant 2ax(a > 0)$ 内各点处的面密度 $\mu(x,y) = \sqrt{x^2 + y^2}$，求此圆盘的重心.

解　设圆盘所占平面区域 $D: x^2 + y^2 \leqslant 2ax$，则

$$M = \iint\limits_{D} \mu(x,y)\,d\sigma = \int_{-\frac{\pi}{2}}^{\frac{\pi}{2}} d\theta \int_0^{2a\cos\theta} \rho^2\,d\rho = \frac{1}{3}\int_{-\frac{\pi}{2}}^{\frac{\pi}{2}} 8a^3\cos^3\theta\,d\theta = 8a^2$$

$$M_y = \iint\limits_{D} x\mu(x,y)\,d\sigma = \int_{-\frac{\pi}{2}}^{\frac{\pi}{2}} d\theta \int_0^{2a\cos\theta} \rho\cos\theta\rho^2\,d\rho = \frac{1}{4}\int_{-\frac{\pi}{2}}^{\frac{\pi}{2}}(2a\cos\theta)^4\cos\theta\,d\theta = 15a^4$$

$$M_x = \iint\limits_{D} y\mu(x,y)\,d\sigma = \int_{-\frac{\pi}{2}}^{\frac{\pi}{2}} d\theta \int_0^{2a\cos\theta} \rho\sin\theta\rho^2\,d\rho = \frac{1}{4}\int_{-\frac{\pi}{2}}^{\frac{\pi}{2}}(2a\cos\theta)^4\sin\theta\,d\theta = 0$$

所以重心为 $(\frac{15}{8}a, 0)$.

5. 设有一等腰直角三角形薄片，腰长为 a，各点处的面密度等于该点到直角顶点的距离的平方，求此薄片的重心.

解　建立如图 8 所示的坐标系，薄片的面密度 $\mu(x,y) = x^2 + y^2$，则

$$M = \iint\limits_{D} \mu(x,y)\,d\sigma = \int_0^a dx \int_0^{a-x}(x^2 + y^2)\,dy =$$
$$\int_0^a \left[x^2(a-x) + \frac{1}{3}(a-x)^3\right]dx = \frac{1}{6}a^4$$

$$M_y = \iint\limits_{D} x\mu(x,y)\,dxdy = \int_0^a dx \int_0^{a-x} x(x^2 + y^2)\,dy =$$
$$\int_0^a \left[x^3(a-x) + \frac{x}{3}(a-x)^3\right]dx = \frac{1}{15}a^5$$

$$M_x = \iint\limits_{D} y\mu(x,y)\,dxdy = \int_0^a dy \int_0^{a-y} y(x^2 + y^2)\,dx = \frac{1}{15}a^5$$

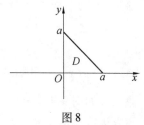

图 8

故重心为 $(\frac{2}{5}a, \frac{2}{5}a)$.

6. 设均匀薄片(面密度为常数 μ)所占闭区域 D 如下，求指定的转动惯量：

(1)D 由抛物线 $y^2 = \dfrac{9}{2}x$ 与直线 $x = 2$ 所围成,求 I_x, I_y;

(2)D 为矩形闭区域 $\{(x,y) \mid 0 \leqslant x \leqslant a, 0 \leqslant y \leqslant b\}$,求 I_x, I_y.

解 (1)$I_x = \displaystyle\iint\limits_D y^2 \mu \mathrm{d}\sigma = \mu \int_{-3}^3 \mathrm{d}y \int_{\frac{2}{9}y^2}^2 y^2 \mathrm{d}x = \mu \int_{-3}^3 y^2 \left(2 - \dfrac{2}{9}y^2\right) \mathrm{d}y = \dfrac{72}{5}\mu$,

$$I_y = \iint\limits_D x^2 \mu \mathrm{d}\sigma = \mu \int_{-3}^3 \mathrm{d}y \int_{\frac{2}{9}y^2}^2 x^2 \mathrm{d}x = \dfrac{\mu}{3} \int_{-3}^3 y^2 \left[8 - \left(\dfrac{2}{9}\right)^3 y^6\right] \mathrm{d}y = \dfrac{96}{7}\mu$$

(2)
$$I_x = \iint\limits_D y^2 \mu \mathrm{d}\sigma = \int_0^a \mu \mathrm{d}x \int_0^b y^2 \mathrm{d}y = \dfrac{ab^3}{3}\mu$$

$$I_y = \iint\limits_D x^2 \mu \mathrm{d}\sigma = \int_0^a \mu x^2 \mathrm{d}x \int_0^b \mathrm{d}y = \dfrac{a^3 b}{3}\mu$$

习题 10.5 解答

1.计算 $\displaystyle\int_L (x+y)\mathrm{d}s$,其中 L 为直线 $y = x$ 上点 $O(0,0)$ 与点 $A(1,1)$ 之间的一段.

解 L 的方程:$y = x, 0 \leqslant x \leqslant 1, \mathrm{d}S = \sqrt{1 + y'^2}\,\mathrm{d}x = \sqrt{2}\,\mathrm{d}x$,故

$$\int_L (x+y)\mathrm{d}S = \int_0^1 (x+x)\sqrt{2}\,\mathrm{d}x = \sqrt{2}$$

2.计算 $\displaystyle\int_L x^2 y \mathrm{d}s$,其中 L 为圆周 $x^2 + y^2 = 4$ 在第一象限部分.

解 L 的方程:$\begin{cases} x = 2\cos\theta \\ y = 2\sin\theta \end{cases}$,$0 \leqslant \theta \leqslant \sqrt{2}$,$\mathrm{d}S = \sqrt{x'^2 + y'^2}\,\mathrm{d}\theta = 2\mathrm{d}\theta$,故

$$\int_L x^2 y \mathrm{d}S = \int_0^{\frac{\pi}{2}} (2\cos\theta)^2 (2\sin\theta) \cdot 2\mathrm{d}\theta = 16\int_0^{\frac{\pi}{2}} \cos^2\theta\sin\theta\,\mathrm{d}\theta = \dfrac{16}{3}$$

3.计算 $\displaystyle\int_L \dfrac{1}{x-y}\mathrm{d}s$,其中 L 为以点 $A(0, -2)$ 与 $B(4,0)$ 为端点的直线段.

解 L 的方程:$x = 2y + 4$,$-2 \leqslant y \leqslant 0$,$\mathrm{d}S = \sqrt{1 + x'^2}\,\mathrm{d}y = \sqrt{5}\,\mathrm{d}y$,故

$$\int_L \dfrac{1}{x-y}\mathrm{d}S = \int_{-2}^0 \dfrac{\sqrt{5}}{(2y + 4 - y)}\mathrm{d}y = \sqrt{5} \int_{-2}^0 \dfrac{\mathrm{d}y}{y+4} = \sqrt{5}\ln 2$$

4.计算 $\displaystyle\oint_L (x+y)\mathrm{d}s$,$L$ 是以 $O(0,0)$,$A(1,0)$,$B(0,1)$ 为顶点的三角形闭曲线.

解 如图 9,$L = OA + AB + BO$.

OA 的方程:$y = 0, 0 \leqslant x \leqslant 1, \mathrm{d}S = \mathrm{d}x$

$$\int_{OA} (x+y)\mathrm{d}S = \int_0^1 x\mathrm{d}x = \dfrac{1}{2}$$

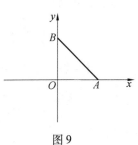

图9

AB 的方程:$y = 1 - x, 0 \leqslant x \leqslant 1$,$\mathrm{d}S = \sqrt{2}\,\mathrm{d}x$

$$\int_{AB} (x+y)\mathrm{d}S = \int_0^1 (x + 1 - x)\sqrt{2}\,\mathrm{d}x = \sqrt{2}$$

BO 的方程:$x = 0, 0 \leqslant y \leqslant 1, \mathrm{d}S = \mathrm{d}y$

$$\int_{BO} (x+y)\mathrm{d}S = \int_0^1 y\mathrm{d}y = \dfrac{1}{2}$$

所以

$$\oint_L (x + y)\,\mathrm{d}S = \int_{OA} + \int_{AB} + \int_{BO} (x + y)\,\mathrm{d}S = 1 + \sqrt{2}$$

5. 计算 $\int_\Gamma (x^2 + y^2 + z^2)\,\mathrm{d}s$，其中 Γ 为曲线 $\begin{cases} x = 4\cos t \\ y = 4\sin t \ (0 \leqslant t \leqslant 2\pi) \\ z = 3t \end{cases}$.

解　Γ 的方程：$\begin{cases} x = 4\cos t \\ y = 4\sin t \ (0 \leqslant t \leqslant 2\pi), \\ z = 3t \end{cases}$ $\mathrm{d}S = \sqrt{x'^2 + y'^2 + z'^2}\,\mathrm{d}t = 5\mathrm{d}t$，所以

$$\int_\Gamma (x^2 + y^2 + z^2)\,\mathrm{d}S = \int_0^{2\pi} (16 + 9t^2) \cdot 5\mathrm{d}t = 40\pi(4 + 3\pi^2)$$

6. 计算 $\int_L (x + y)\,\mathrm{d}s$，其中 L 分别为：

(1) 直线 $y = x$ 上从点 $O(0,0)$ 到点 $A(1,1)$ 之间的一段；

(2) 从点 $O(0,0)$ 到点 $B(1,0)$ 再到点 $A(1,1)$ 的折线段.

解　(1) 如图 10，L 的方程：$y = x$，x 从 0 到 1，故

$$\int_L (x + y)\,\mathrm{d}x = \int_0^1 (x + x)\,\mathrm{d}x = 1$$

(2) $L = OB + BA$，

OB 的方程：$y = 0$，x 从 0 到 1，

BA 的方程：$x = 1$，y 从 0 到 1，

故

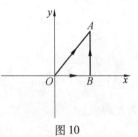

图 10

$$\int_L (x + y)\,\mathrm{d}x = \int_{OB} + \int_{BA} (x + y)\,\mathrm{d}x = \int_0^1 x\mathrm{d}x + 0 = \frac{1}{2}$$

7. 计算 $\int_L 2xy\mathrm{d}x + x^2\mathrm{d}y$，其中 L 分别为：

(1) 从点 $O(0,0)$ 经直线 $y = x$ 到点 $A(1,1)$ 之间的一段；

(2) 从点 $O(0,0)$ 经曲线 $y = x^2$ 到点 $A(1,1)$ 之间的一段；

(3) 从点 $O(0,0)$ 经曲线 $y = x^3$ 到点 $A(1,1)$ 之间的一段.

解　(1) L 的方程：$y = x$，x 从 0 到 1，故

$$\int_L 2xy\mathrm{d}x + x^2\mathrm{d}y = \int_0^1 2x^2\mathrm{d}x + x^2\mathrm{d}x = \int_0^1 3x^2\mathrm{d}x = 1$$

(2) L 的方程：$y = x^2$，x 从 0 到 1，故

$$\int_L 2xy\mathrm{d}x + x^2\mathrm{d}y = \int_0^1 2x^3\mathrm{d}x + x^2 \cdot 2x\mathrm{d}x = \int_0^1 4x^3\mathrm{d}x = 1$$

(3) L 的方程：$y = x^3$，x 从 0 到 1，故

$$\int_L 2xy\mathrm{d}x + x^2\mathrm{d}y = \int_0^1 2x^4\mathrm{d}x + x^3 \cdot 3x^2\mathrm{d}x = \int_0^1 5x^4\mathrm{d}x = 1$$

8. 计算 $\int_L y\mathrm{d}x - x\mathrm{d}y$，其中 L 是从点 $A(1,1)$ 经抛物线 $y = x^2$ 到点 $B(-1,1)$ 的有向弧段.

解　L 的方程：$y = x^2$，x 从 1 到 -1，故

$$\int_L y\mathrm{d}x - x\mathrm{d}y = \int_1^{-1} x^2\mathrm{d}x - x \cdot 2x\mathrm{d}x = \int_1^{-1} -x^2\mathrm{d}x = \frac{2}{3}$$

9. 计算 $\oint_L \dfrac{(x+y)\mathrm{d}x - (x-y)\mathrm{d}y}{x^2 + y^2}$，其中 L 为圆周 $x^2 + y^2 = R^2$，方向为逆时针方向.

解　L 的方程：$\begin{cases} x = R\cos\theta \\ y = R\sin\theta \end{cases}$，$\theta$ 从 0 到 2π，故

$$\oint_L \frac{(x+y)\mathrm{d}x - (x-y)\mathrm{d}y}{x^2 + y^2} = \int_0^{2\pi} \frac{R^2(\cos\theta + \sin\theta)\cdot(-\sin\theta) - R^2(\cos\theta - \sin\theta)\cos\theta}{R^2}\mathrm{d}\theta =$$

$$\int_0^{2\pi} -1\mathrm{d}\theta = -2\pi$$

习题 10.6 解答

1. 利用格林公式计算下列曲线积分：

（1）$\oint_L (x+y)^2\mathrm{d}x + (x^2+y^2)\mathrm{d}y$，$L$ 是以 $(0,0)$，$(1,0)$，$(0,1)$ 为顶点的三角形闭曲线，方向为逆时针方向；

（2）$\oint_L (x^2+y)\mathrm{d}x - (x-y^2)\mathrm{d}y$，$L$ 为椭圆 $\dfrac{x^2}{a^2} + \dfrac{y^2}{b^2} = 1\,(a>0,b>0)$，方向为逆时针方向；

（3）计算 $\int_L (\mathrm{e}^x\sin y - y)\mathrm{d}x + (\mathrm{e}^x\cos y - x - 2)\mathrm{d}y$，$L$ 为 $x^2 + y^2 = 9$ 在第一象限中从点 $(3,0)$ 到点 $(0,3)$ 的部分.

解　（1）设 $P = (x+y)^2$，$Q = x^2 + y^2$，$\dfrac{\partial P}{\partial y} = 2(x+y)$，$\dfrac{\partial Q}{\partial x} = 2x$，则 P,Q 满足格林公式的条件，$D = \{(x,y)\,|\,0 \leqslant x \leqslant 1-y, 0 \leqslant y \leqslant 1\}$ 故

$$\oint_L (x+y)^2\mathrm{d}x + (x^2+y^2)\mathrm{d}y = \iint_D \left(\frac{\partial Q}{\partial x} - \frac{\partial P}{\partial y}\right)\mathrm{d}x\mathrm{d}y = \iint_D -2y\mathrm{d}x\mathrm{d}y = \int_0^1 \mathrm{d}y \int_0^{1-y} -2y\mathrm{d}x = -\frac{1}{3}$$

（2）$P = x^2 + y$，$Q = -(x - y^2)$，$\dfrac{\partial P}{\partial y} = 1$，$\dfrac{\partial Q}{\partial x} = -1$，$D = \left\{(x,y)\,\left|\,\dfrac{x^2}{a^2} + \dfrac{y^2}{b^2} \leqslant 1\right.\right\}$，由格林公式得

$$\oint_L (x^2+y)\mathrm{d}x - (x-y^2)\mathrm{d}y = \iint_D -2\mathrm{d}x\mathrm{d}y = -2\pi ab$$

（3）如图 11，补线 $L_1: x = 0$，y 从 3 到 0，$L_2: y = 0$，x 从 0 到 3，则 $L + L_1 + L_2$ 为一封闭曲线且为逆时针方向.

设 $P = \mathrm{e}^x\sin y - y$，$Q = \mathrm{e}^x\cos y - x - 2$，$\dfrac{\partial P}{\partial y} = \mathrm{e}^x\cos y - 1$，

$\dfrac{\partial Q}{\partial x} = \mathrm{e}^x\cos y - 1$，则

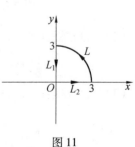

图 11

$$\int_L (e^x \sin y - y)\mathrm{d}x + (e^x \cos y - x - 2)\mathrm{d}y =$$

$$\oint_{L+L_1+L_2} - \int_{L_1} - \int_{L_2} (e^x \sin y - y)\mathrm{d}x + (e^x \cos y - x - 2)\mathrm{d}y =$$

$$\iint_D 0\mathrm{d}x\mathrm{d}y - \int_3^0 (\cos y - 2)\mathrm{d}y - 0 = \sin 3 - 6$$

2. 证明曲线积分与路径无关,并计算曲线积分:

(1) $\int_L (2x\cos y - y^2 \sin x)\mathrm{d}x + (2y\cos x - x^2 \sin y)\mathrm{d}y$, L 为沿圆周 $x^2 + y^2 = R^2$ 在第二象限中的部分由点 $A(0,R)$ 到点 $B(-R,0)$;

(2) $\int_L (1 + xe^{2y})\mathrm{d}x + (x^2 e^{2y} - y^2)\mathrm{d}y$, L 是圆周 $x^2 + y^2 = R^2$ 上半部由 $A(R,0)$ 到 $B(-R,0)$.

解 (1) $P = 2x\cos y - y^2 \sin x$, $Q = 2y\cos x - x^2 \sin y$

$$\frac{\partial P}{\partial y} = -2x\sin y - 2y\sin x, \qquad \frac{\partial Q}{\partial x} = -2y\sin x - 2x\sin y$$

因为 $\dfrac{\partial P}{\partial y} = \dfrac{\partial Q}{\partial x}$ 对平面上的任意一点都成立,所以曲线积分在整个平面上与路径无关,只与起点与终点有关,取折线 AO 到 OB,有

$$\int_L (2x\cos y - y^2 \sin x)\mathrm{d}x + (2y\cos x - x^2 \sin y)\mathrm{d}y =$$

$$\int_{AO} + \int_{OB} (2x\cos y - y^2 \sin x)\mathrm{d}x + (2y\cos x - x^2 \sin y)\mathrm{d}y =$$

$$\int_R^0 2y\mathrm{d}y + \int_0^{-R} 2x\mathrm{d}x = 0$$

(2) $P = 1 + xe^{2y}$, $Q = x^2 e^{2y} - y^2$

$$\frac{\partial P}{\partial y} = 2xe^{2y}, \qquad \frac{\partial Q}{\partial x} = 2xe^{2y}$$

因为 $\dfrac{\partial P}{\partial y} = \dfrac{\partial Q}{\partial x}$ 对平面上的任意一点都成立,所以曲线积分与路径无关,取直线段 AB(图 12),有

$$\int_L (1 + xe^{2y})\mathrm{d}x + (x^2 e^{2y} - y^2)\mathrm{d}y = \int_{AB} (1 + xe^{2y})\mathrm{d}x +$$

$$(x^2 e^{2y} - y^2)\mathrm{d}y =$$

$$\int_R^{-R} (1 + x)\mathrm{d}x = -2R$$

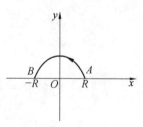

图 12

习题 10.7 解答

1. 计算 $\iint_\Sigma (2x + y + 2z)\mathrm{d}S$, Σ 是平面 $x + y + z = 1$ 在第一卦限部分.

解 Σ 的方程:$z = 1 - x - y$,设 Σ 在 xOy 面上的投影区域为 D,则

$$D = \{(x,y) \mid 0 \le y \le 1 - x, 0 \le x \le 1\}, \quad \mathrm{d}S = \sqrt{1 + z_x^2 + z_y^2}\,\mathrm{d}x\mathrm{d}y = \sqrt{3}\,\mathrm{d}x\mathrm{d}y$$

故

$$\iint_{\Sigma}(2x + y + 2z)\,\mathrm{d}S = \iint_{D}[2x + y + 2(1 - x - y)]\sqrt{3}\,\mathrm{d}x\mathrm{d}y =$$

$$\iint_{D}(2 - y)\sqrt{3}\,\mathrm{d}x\mathrm{d}y = \int_0^1 \mathrm{d}x \int_0^{1-x}(2 - y)\sqrt{3}\,\mathrm{d}y =$$

$$\sqrt{3}\int_0^1 \left[2(1 - x) - \frac{1}{2}(1 - x)^2\right]\mathrm{d}x = \frac{5}{6}\sqrt{3}$$

2. 计算 $\displaystyle\iint_{\Sigma} x\,\mathrm{d}S$，$\Sigma$ 是球面 $x^2 + y^2 + z^2 = R^2$ 在第一卦限部分.

解 Σ 的方程：$z = \sqrt{R^2 - x^2 - y^2}$，设 Σ 在 xOy 面上的投影区域为 D，则

$$D = \{(x,y) \mid x^2 + y^2 \le R^2, x \ge 0, y \ge 0\}, \quad \mathrm{d}S = \sqrt{1 + z_x^2 + z_y^2}\,\mathrm{d}x\mathrm{d}y = \frac{R}{\sqrt{R^2 - x^2 - y^2}}\mathrm{d}x\mathrm{d}y$$

故

$$\iint_{\Sigma} x\,\mathrm{d}S = \iint_{D}\frac{Rx}{\sqrt{R^2 - x^2 - y^2}}\mathrm{d}x\mathrm{d}y = R\int_0^R \mathrm{d}y \int_0^{\sqrt{R^2 - y^2}}\frac{x}{\sqrt{R^2 - x^2 - y^2}}\mathrm{d}x =$$

$$R\int_0^R \sqrt{R^2 - y^2}\,\mathrm{d}y = \frac{\pi}{4}R^3$$

3. 计算 $\displaystyle\oiint_{\Sigma}(x^2 + y^2)\,\mathrm{d}S$，$\Sigma$ 是 $z = \sqrt{x^2 + y^2}$ 与 $z = 1$ 所围立体的表面.

解 $\Sigma = \Sigma_1 + \Sigma_2$，$\Sigma_1$ 的方程：$z = \sqrt{x^2 + y^2}$，在 xOy 面上的投影区域为

$$D = \{(x,y) \mid x^2 + y^2 \le 1\}$$

Σ_2 的方程：$z = 1$，在 xOy 面上的投影区域为

$$D = \{(x,y) \mid x^2 + y^2 \le 1\}$$

故 $\displaystyle\oiint_{\Sigma}(x^2 + y^2)\,\mathrm{d}S = \iint_{\Sigma_1} + \iint_{\Sigma_2}(x^2 + y^2)\,\mathrm{d}S$，其中

$$\iint_{\Sigma_1}(x^2 + y^2)\,\mathrm{d}S = \iint_{D}(x^2 + y^2)\sqrt{1 + z_x^2 + z_y^2}\,\mathrm{d}x\mathrm{d}y = \iint_{D}(x^2 + y^2)\sqrt{2}\,\mathrm{d}x\mathrm{d}y =$$

$$\sqrt{2}\int_0^{2\pi}\mathrm{d}\theta \int_0^1 \rho^2 \cdot \rho\,\mathrm{d}\rho = \frac{\sqrt{2}}{2}\pi$$

$$\iint_{\Sigma_2}(x^2 + y^2)\,\mathrm{d}S = \iint_{D}(x^2 + y^2)\,\mathrm{d}x\mathrm{d}y = \frac{1}{2}\pi$$

所以

$$\oiint_{\Sigma}(x^2 + y^2)\,\mathrm{d}S = \frac{\sqrt{2} + 1}{2}\pi$$

4. 计算 $\displaystyle\iint_{\Sigma} 2xz\,\mathrm{d}x\mathrm{d}y$，$\Sigma$ 是平面 $x + y + z = 1$ 在第一卦限部分的上侧.

解 Σ 的方程：$z = 1 - x - y$，上侧，Σ 在 xOy 面上的投影区域为 D，则

$$D = \{(x,y) \mid 0 \leqslant y \leqslant 1 - x, 0 \leqslant x \leqslant 1\}$$

故

$$\iint_{\Sigma} 2xz \mathrm{d}x\mathrm{d}y = \iint_{D} 2x(1-x-y)\mathrm{d}x\mathrm{d}y = \int_{0}^{1} 2x\mathrm{d}x \int_{0}^{1-x}(1-x-y)\mathrm{d}y = \int_{0}^{1} x(1-x)^2\mathrm{d}x = \frac{1}{12}$$

5. 计算 $\oiint_{\Sigma} z^2 \mathrm{d}x\mathrm{d}y$，$\Sigma$ 是球面 $x^2 + y^2 + (z-R)^2 = R^2$ 的外侧.

解　$\Sigma = \Sigma_1 + \Sigma_2$，$\Sigma_1$ 的方程: $z = R + \sqrt{R^2 - x^2 - y^2}$ 　　上侧

　　　　　Σ_2 的方程: $z = R - \sqrt{R^2 - x^2 - y^2}$ 　　下侧

Σ_1, Σ_2 在 xOy 面上的投影区域为 $D = \{(x,y) \mid x^2 + y^2 \leqslant R^2\}$，所以

$$\oiint_{\Sigma} z^2 \mathrm{d}x\mathrm{d}y = \iint_{\Sigma_1} + \iint_{\Sigma_2} z^2 \mathrm{d}x\mathrm{d}y =$$

$$\iint_{D} \left(R + \sqrt{R^2 - x^2 - y^2}\right)^2 \mathrm{d}x\mathrm{d}y - \iint_{D} \left(R - \sqrt{R^2 - x^2 - y^2}\right)^2 \mathrm{d}x\mathrm{d}y =$$

$$4\iint_{D} R\sqrt{R^2 - x^2 - y^2} \mathrm{d}x\mathrm{d}y = 4R \int_{0}^{2\pi} \mathrm{d}\theta \int_{0}^{R} \sqrt{R^2 - \rho^2}\,\mathrm{d}\rho = 8\pi R \cdot \frac{1}{3}R^3 = \frac{8}{3}\pi R^4$$

习题 10.8 解答

1. 利用高斯公式计算曲面积分:

(1) $\oiint_{\Sigma}(x^2 - yz)\mathrm{d}y\mathrm{d}z + (y^2 - xz)\mathrm{d}z\mathrm{d}x + (z^2 - xy)\mathrm{d}x\mathrm{d}y$，$\Sigma$ 是由 $x = 0, x = 1, y = 0, y = 1$，

$z = 0, z = 1$ 围成正立方体边界曲面的外侧;

(2) $\oiint_{\Sigma} x \mathrm{d}y\mathrm{d}z + y \mathrm{d}z\mathrm{d}x + z \mathrm{d}x\mathrm{d}y$，$\Sigma$ 是 $z = x^2 + y^2$ 与 $z = 1$ 所围立体表面的外侧.

解　(1) 设曲面 Σ 所围成的区域为 Ω

$$P = x^2 - yz, Q = y^2 - xz, R = z^2 - xy, \frac{\partial P}{\partial x} = 2x, \frac{\partial Q}{\partial y} = 2y, \frac{\partial R}{\partial z} = 2z$$

由高斯公式有

$$I = \iiint_{\Omega} 2(x + y + z)\mathrm{d}v = 6\iiint_{\Omega} x\mathrm{d}v = 6\int_{0}^{1} x\mathrm{d}x \int_{0}^{1}\mathrm{d}y \int_{0}^{1}\mathrm{d}z = 3$$

(2) 设曲面 Σ 所围成的区域为 Ω

$$P = x, Q = y, R = z, \frac{\partial P}{\partial x} = 1, \frac{\partial Q}{\partial y} = 1, \frac{\partial R}{\partial z} = 1$$

所以

$$I = \iiint_{\Omega} 3\mathrm{d}v = 3\int_{0}^{2\pi}\mathrm{d}\theta \int_{0}^{1}\rho\mathrm{d}\rho \int_{\rho^2}^{1}\mathrm{d}z = 6\pi\int_{0}^{1}\rho(1-\rho^2)\mathrm{d}\rho = \frac{3}{2}\pi$$

2. 计算下列曲面积分:

(1) $\oiint_{\Sigma} x^3 \mathrm{d}y\mathrm{d}z + y^3 \mathrm{d}z\mathrm{d}x + z^3 \mathrm{d}x\mathrm{d}y$，其中 Σ 是球面 $x^2 + y^2 + z^2 = a^2 (a > 0)$ 的外侧;

(2) $\oiint_{\Sigma} x \mathrm{d}y\mathrm{d}z + y \mathrm{d}z\mathrm{d}x + z \mathrm{d}x\mathrm{d}y$，其中 Σ 是介于 $z = 0$ 和 $z = 3$ 之间的圆柱体 $x^2 + y^2 \leqslant 9$ 的

整个表面的外侧.

解 （1）$P = x^3, Q = y^3, R = z^3$.

$$\frac{\partial P}{\partial x} = 3x^2, \quad \frac{\partial Q}{\partial y} = 3y^2, \quad \frac{\partial R}{\partial z} = 3z^2$$

$$\oiint\limits_{\Sigma} x^3 dydz + y^3 dzdx + z^3 dxdy = \iiint\limits_{\Omega} \left(\frac{\partial P}{\partial x} + \frac{\partial Q}{\partial y} + \frac{\partial R}{\partial z} \right) dv = 3\iiint\limits_{\Omega} (x^2 + y^2 + z^2) dv =$$

$$3\int_0^{2\pi} d\theta \int_0^{\pi} \sin\vartheta d\vartheta \int_0^a \rho^2 \cdot \rho^2 d\rho = \frac{12}{5}\pi a^5$$

（2）$P = x, Q = y, R = z$

$$\frac{\partial P}{\partial x} = 1, \quad \frac{\partial Q}{\partial y} = 1, \quad \frac{\partial R}{\partial z} = 1$$

$$\oiint\limits_{\Sigma} x dydz + y dzdx + z dxdy = \iiint\limits_{\Omega} \left(\frac{\partial P}{\partial x} + \frac{\partial Q}{\partial y} + \frac{\partial R}{\partial z} \right) dv = \iiint\limits_{\Omega} 3 dv = 81\pi$$

3. 计算曲线积分 $\oint_{\Gamma} y dx + z dy + x dz$，其中 Γ 为圆周 $x^2 + y^2 + z^2 = a^2 (a > 0), x + y + z = 0$，从 x 轴的正向看去为逆时针方向.

解 记 Σ 为平面 $x + y + z = 0$ 被球面 $x^2 + y^2 + z^2 = R^2$ 截下的部分，取上侧，则由斯托克斯公式有

$$I = \oint_{\Gamma} y dx + z dy + x dz = \iint\limits_{\Sigma} \begin{vmatrix} dydz & dzdx & dxdy \\ \dfrac{\partial}{\partial x} & \dfrac{\partial}{\partial y} & \dfrac{\partial}{\partial z} \\ y & z & x \end{vmatrix} =$$

$$\iint\limits_{\Sigma} - dydz - dzdx - dxdy = -\iint\limits_{\Sigma} dydz + dzdx + dxdy =$$

$$-\iint\limits_{\Sigma} (\cos\alpha + \cos\beta + \cos\gamma) dS$$

其中 $\cos\alpha = \cos\beta = \cos\gamma = \dfrac{1}{\sqrt{3}}$，所以

$$I = -\sqrt{3} \iint\limits_{\Sigma} dS = -\sqrt{3}\pi R^2$$

4. 计算 $\iint\limits_{\Sigma} xy dydz + yz dzdx + xz dxdy$，其中 Σ 是由平面 $x = 0, y = 0, z = 0, x + y + z = 1$ 所围空间的边界曲面的外侧.

解 $P = xy, Q = yx, R = xz. \dfrac{\partial P}{\partial x} = y, \dfrac{\partial Q}{\partial Y} = z, \dfrac{\partial R}{\partial z} = x$，由高斯公式得

$$I = \iiint\limits_{\Omega} (x + y + z) dv = 3\iiint\limits_{\Omega} x dv = 3\int_0^1 x dx \int_0^{1-x} dy \int_0^{1-x-y} dz = \frac{1}{8}$$

习题 10.9 解答

1. 求 div **a** 在指定点处的值：

（1）$A = x^2 \mathbf{i} + y^2 \mathbf{j} + z^2 \mathbf{k}$ 在点 $M(1, 0, -2)$ 处；

$(2)A = xyz\boldsymbol{r}(\boldsymbol{r} = x\boldsymbol{i} + y\boldsymbol{j} + z\boldsymbol{k})$ 在点 $M(1,3,2)$ 处.

解　$(1)P = x^2, Q = y^2, R = z^2, \dfrac{\partial P}{\partial x} = 2x, \dfrac{\partial Q}{\partial y} = 2y, \dfrac{\partial R}{\partial z} = 2z$

在点 $M(1,0,-2)$ 处 $\dfrac{\partial P}{\partial x} = 2, \dfrac{\partial Q}{\partial y} = 0, \dfrac{\partial R}{\partial z} = -4$, 所以 div $\boldsymbol{a} = 2 + 0 + (-4) = -2$

$(2)\boldsymbol{a} = xyz\boldsymbol{r}, \boldsymbol{r} = x\boldsymbol{i} + y\boldsymbol{j} + z\boldsymbol{k}$, 所以 $\boldsymbol{a} = xyz(x\boldsymbol{i} + y\boldsymbol{j} + z\boldsymbol{k})$

$$P = x^2yz, Q = xy^2z, R = xyz^2, \frac{\partial P}{\partial x} = 2xyz, \frac{\partial Q}{\partial y} = 2xyz, \frac{\partial R}{\partial z} = 2xyz$$

所以 div $\boldsymbol{a} = 6xyz$, 在点 $M(1,3,2)$ 处, div $\boldsymbol{a} = 36$.

2. 求 $\mathrm{rot}\,\dfrac{\boldsymbol{r}}{|\boldsymbol{r}|}$, 其中 $\boldsymbol{r} = x\boldsymbol{i} + y\boldsymbol{j} + z\boldsymbol{k}$.

解　记 $\boldsymbol{r} = x\boldsymbol{i} + y\boldsymbol{j} + z\boldsymbol{k}$, $\dfrac{\boldsymbol{r}}{|\boldsymbol{r}|} = \dfrac{x\boldsymbol{i} + y\boldsymbol{j} + z\boldsymbol{k}}{\sqrt{x^2 + y^2 + z^2}}$

$$P = \frac{x}{\sqrt{x^2 + y^2 + z^2}}, \quad Q = \frac{y}{\sqrt{x^2 + y^2 + z^2}}, \quad R = \frac{z}{\sqrt{x^2 + y^2 + z^2}}$$

$$\frac{\partial P}{\partial y} = -\frac{xy}{\sqrt{(x^2 + y^2 + z^2)^3}}, \qquad \frac{\partial P}{\partial z} = -\frac{xz}{\sqrt{(x^2 + y^2 + z^2)^3}}$$

$$\frac{\partial Q}{\partial x} = -\frac{xy}{\sqrt{(x^2 + y^2 + z^2)^3}}, \qquad \frac{\partial Q}{\partial y} = -\frac{yz}{\sqrt{(x^2 + y^2 + z^2)^3}}$$

$$\frac{\partial R}{\partial x} = -\frac{xz}{\sqrt{(x^2 + y^2 + z^2)^3}}, \qquad \frac{\partial R}{\partial y} = -\frac{yz}{\sqrt{(x^2 + y^2 + z^2)^3}}$$

所以

$$\mathrm{rot}\,\frac{\boldsymbol{r}}{|\boldsymbol{r}|} = \begin{vmatrix} \boldsymbol{i} & \boldsymbol{j} & \boldsymbol{k} \\ \dfrac{\partial}{\partial x} & \dfrac{\partial}{\partial y} & \dfrac{\partial}{\partial z} \\ P & Q & R \end{vmatrix} = \boldsymbol{0}$$

10.4　验收测试题

1. 填空题

(1) 设 D 是两坐标轴及直线 $x + y = 1$ 围成的区域, 则 $\displaystyle\iint\limits_{D} y\,\mathrm{d}x\mathrm{d}y =$ _____;

(2) 设 Ω 是由平面 $x + y + z = 1$ 与三坐标轴围成的区域, 则 $\displaystyle\iiint\limits_{\Omega} x\,\mathrm{d}x\mathrm{d}y\mathrm{d}z =$ _____;

(3) 设 D 是两坐标轴及直线 $x + y = 1$ 围成的区域, 且 $I_1 = \displaystyle\iint\limits_{D} (x + y)^3 \mathrm{d}x\mathrm{d}y, I_2 =$
$\displaystyle\iint\limits_{D} (x + y)^2 \mathrm{d}x\mathrm{d}y, I_3 = \displaystyle\iint\limits_{D} (x + y)\mathrm{d}x\mathrm{d}y$, 则 I_1, I_2, I_3 的大小关系为 _____;

(4) 设 $\Omega = \{(x,y,z) \mid a \leqslant x \leqslant b, c \leqslant y \leqslant d, e \leqslant z \leqslant f\}$, 将 $I = \displaystyle\iiint\limits_{\Omega} f_1(x)f_2(y)f_3(z)\,\mathrm{d}v$ 化为

三次积分,则 $I = $ _____;

(5) 曲线积分 $\int_L (x + y)\mathrm{d}s = $ _____,其中 L 为连接点 $(0,1)$ 及点 $(1,0)$ 的直线段;

(6) 曲线积分 $\int_L x\mathrm{d}y - y\mathrm{d}x = $ _____,其中 L 为抛物线 $y = x^2$ 从点 $O(0,0)$ 到点 $A(2,4)$ 的有向弧段;

(7) 曲面积分 $\iint_\Sigma xyz\mathrm{d}S = $ _____,其中 Σ 为平面 $x + y + z = 1$ 被坐标面截下的部分;

(8) 曲面积分 $\oiint_\Sigma (x - y)\mathrm{d}x\mathrm{d}y + (y - z)x\mathrm{d}y\mathrm{d}z = $ _____,其中 Σ 为柱面 $x^2 + y^2 = 1$ 及平面 $z = 0, z = 3$ 所围成的空间闭区域 Ω 的整个边界曲面的外侧;

(9) 由 $y = \sqrt{x}$,$y = 2\sqrt{x}$ 及 $x = 4$ 所围成平面图形的面积为 _____;

(10) 由曲面 $z = 1 - 4x^2 - y^2$ 与 xOy 坐标面所围成的立体体积为 _____.

2. 选择题

(1) 设二重积分 $I = \iint_D e^{x+y}\mathrm{d}x\mathrm{d}y$ 的积分区域 D 为 $D = \{(x,y) \mid 0 < x \leq 1, 0 \leq y \leq 1\}$,则 $I = $ _____;

A. $-e^2$ 　　　　 B. $(e - 1)^2$ 　　　　 C. e^2 　　　　 D. $(e + 1)^2$

(2) 设 $I = \iint_D |y|\mathrm{d}x\mathrm{d}y$,其中 D 为 $x^2 + y^2 \leq a^2$,则 $I = $ _____;

A. $\dfrac{1}{3}a^3$ 　　　 B. $\dfrac{2}{3}a^3$ 　　　 C. a^3 　　　 D. $\dfrac{4}{3}a^3$

(3) 设 Ω 是由 $z = \sqrt{x^2 + y^2}$ 及平面 $z = 1$ 围成的区域,则 $\iiint_\Omega z\mathrm{d}x\mathrm{d}y\mathrm{d}z = $ _____;

A. π 　　　 B. $\dfrac{\pi}{2}$ 　　　 C. $\dfrac{\pi}{3}$ 　　　 D. $\dfrac{\pi}{4}$

(4) 设区域 Ω 为 $0 \leq z \leq \sqrt{1 - x^2 - y^2}$,则 $\iiint_\Omega [x(y^2 + z^2) + 3]\mathrm{d}x\mathrm{d}y\mathrm{d}z = $ _____;

A. 2π 　　　 B. 4π 　　　 C. 6π 　　　 D. 12π

(5) $I = \int_L \dfrac{1}{\sqrt{x^2 + y^2}}\mathrm{d}s = $ _____,其中 L 为下半圆周:$y = -\sqrt{r^2 - x^2}$;

A. -2π 　　　 B. 2π 　　　 C. π 　　　 D. 0

(6) 设曲线 L 为上半圆周 $y = \sqrt{4 - x^2}$,则 $\int_L y\mathrm{d}s = $ _____;

A. 4 　　　 B. 8 　　　 C. 16 　　　 D. 0

(7) 曲线积分 $I = \int_L 2xy\mathrm{d}x + (x^2 + y)\mathrm{d}y = $ _____,其中 L 为从点 $O(0,0)$ 到点 $A(1,1)$ 的任意有向曲线弧;

A. $\dfrac{1}{2}$ 　　　 B. 1 　　　 C. $\dfrac{3}{2}$ 　　　 D. 2

(8) 曲线积分 $\oint_L \dfrac{y\mathrm{d}x - x\mathrm{d}y}{x^2 + y^2} = $ _____ ,其中 L 为 $(x^2 + y^2) = a^2(a > 0)$ 逆时针方向;

A. 0　　　　　　B. 2π　　　　　　C. -2π　　　　D. π

(9) $I = \oiint\limits_{\Sigma}(x^2 + y^2 + z^2)\mathrm{d}S = $ _____ ,其中 Σ 为球面 $x^2 + y^2 + z^2 = R^2$;

A. πR^4　　　　　B. $2\pi R^4$　　　　　C. $4\pi R^4$　　　　D. $8\pi R^4$

(10) 设曲面 Σ 为 $z = \sqrt{x^2 + y^2}$ 在 $0 \leqslant z \leqslant 1$ 之间部分的下侧,则 $\iint\limits_{\Sigma} x\mathrm{d}y\mathrm{d}z - z\mathrm{d}x\mathrm{d}y = $ _____ .

A. 0　　　　　　B. π　　　　　　C. $-\pi$　　　　　D. 2π

10.5　验收测试题答案

1. 填空题

(1) $\dfrac{1}{6}$;　(2) $\dfrac{1}{24}$;　(3) $I_1 < I_2 < I_3$;　(4) $\displaystyle\int_a^b f_1(x)\,\mathrm{d}x \int_c^d f_2(y)\,\mathrm{d}y \int_e^f f_3(z)\,\mathrm{d}z$;

(5) $\sqrt{2}$;　(6) $\dfrac{8}{3}$;　(7) $\dfrac{\sqrt{3}}{180}$;　(8) $-\dfrac{9}{2}\pi$;　(9) $\dfrac{16}{3}$;　(10) $\dfrac{\pi}{4}$.

2. 选择题

(1)B;　(2)D;　(3)D;　(4)A;　(5)C;　(6)B;　(7)C;　(8)C;　(9)C;　(10)B.

第11章

无穷级数

11.1 内容提要

1. 数项级数及其审敛法

（1）级数的一般概念 数项级数 $\sum\limits_{n=1}^{\infty} u_n = u_1 + u_2 + \cdots + u_n + \cdots$，$u_n$ 称为该级数的第 n 项，又称为一般项或通项，$S_n = u_1 + u_2 + \cdots + u_n$ 称为部分和，若 $\lim\limits_{n\to\infty} S_n = S$，则称级数 $\sum\limits_{n=1}^{\infty} u_n$ 收敛. S 称为级数的和，并记为 $S = \sum\limits_{n=1}^{\infty} u_n$. 否则称级数发散.

几何级数 $\sum\limits_{n=1}^{\infty} aq^n (a \neq 0, q \neq 0)$，当 $|q| < 1$ 时收敛于 $\dfrac{a}{1-q}$，当 $|q| \geqslant 1$ 时发散；

调和级数 $\sum\limits_{n=1}^{\infty} \dfrac{1}{n}$ 是发散的.

（2）收敛级数的基本性质

① $\sum\limits_{n=1}^{\infty} u_n = S \Rightarrow \sum\limits_{n=1}^{\infty} ku_n = kS (k$ 为常数$)$；

② $\sum\limits_{n=1}^{\infty} u_n = S, \sum\limits_{n=1}^{\infty} v_n = Q \Rightarrow \sum\limits_{n=1}^{\infty} (u_n \pm v_n) = S \pm Q$；

③ 在级数中去掉、加上或改变有限项，不会改变级数的收敛性；

④ 对收敛级数任意加上括号得到的新级数仍收敛于原来的和；

⑤ 必要条件：若级数 $\sum\limits_{n=1}^{\infty} u_n$ 收敛于 S，必有 $\lim\limits_{n\to\infty} u_n = 0$.

（3）正项级数及其审敛法

定义：若级数 $\sum\limits_{n=1}^{\infty} u_n$ 中各项均为非负，即 $u_n \geqslant 0 (n = 1,2,3,\cdots)$，则称该级数为正项级数.

定理1 正项级数收敛的充分必要条件是它的部分和数列有界.

定理2（比较审敛法） 设有两个正项级数 $\sum\limits_{n=1}^{\infty} u_n$ 和 $\sum\limits_{n=1}^{\infty} v_n$，如果 $u_n \leqslant v_n (n = 1,2,$

$3, \cdots$）成立,那么 $\sum\limits_{n=1}^{\infty} v_n$ 收敛,则级数 $\sum\limits_{n=1}^{\infty} u_n$ 也收敛;级数 $\sum\limits_{n=1}^{\infty} u_n$ 发散,则级数 $\sum\limits_{n=1}^{\infty} v_n$ 也发散.

p – 级数 $\sum\limits_{n=1}^{\infty} \dfrac{1}{n^p}$ 当 $p \le 1$ 时发散;$p > 1$ 时收敛.

定理 3(比较审敛法的极限形式)　设两个正项级数 $\sum\limits_{n=1}^{\infty} u_n$ 和 $\sum\limits_{n=1}^{\infty} v_n$,

（Ⅰ）如果 $\lim\limits_{n \to \infty} \dfrac{u_n}{v_n} = l (0 < l < +\infty)$,则正项级数 $\sum\limits_{n=1}^{\infty} u_n$ 和 $\sum\limits_{n=1}^{\infty} v_n$ 同时收敛或同时发散;

（Ⅱ）如果 $\lim\limits_{n \to \infty} \dfrac{u_n}{v_n} = 0$（或 $\lim\limits_{n \to \infty} \dfrac{v_n}{u_n} = \infty$）,则（a）级数 $\sum\limits_{n=1}^{\infty} v_n$ 收敛必有 $\sum\limits_{n=1}^{\infty} u_n$ 收敛;（b）级数 $\sum\limits_{n=1}^{\infty} u_n$ 发散必有 $\sum\limits_{n=1}^{\infty} v_n$ 发散.

定理 4(达朗贝尔(D'Alembert)比值审敛法)　设正项级数 $\sum\limits_{n=1}^{\infty} u_n$,如果极限

$\lim\limits_{n \to \infty} \dfrac{u_{n+1}}{u_n} = \rho$ 存在,则（Ⅰ）当 $\rho < 1$ 时级数收敛;（Ⅱ）当 $\rho > 1$ 时级数发散;（Ⅲ）当 $\rho = 1$ 时级数可能收敛也可能发散.

定理 5(根值审敛法,柯西审敛法)　设正项级数 $\sum\limits_{n=1}^{\infty} u_n$,如果极限 $\lim\limits_{n \to \infty} \sqrt[n]{u_n} = \rho$ 存在,则 (1) 当 $\rho < 1$ 时级数收敛;(2) 当 $\rho > 1$ 时级数发散;(3) 当 $\rho = 1$ 时级数可能收敛也可能发散.

(4) 交错级数及其审敛法

定义:交错级数是指它的各项是正负交错的级数.

定理 6(莱布尼茨(Leibniz)审敛法)　设交错级数 $\sum\limits_{n=1}^{\infty} (-1)^{n-1} u_n$ 满足条件:

（Ⅰ）$u_n \ge u_{n+1} (n = 1, 2, 3, \cdots)$,

（Ⅱ）$\lim\limits_{n \to \infty} u_n = 0$,

则级数 $\sum\limits_{n=1}^{\infty} (-1)^{n-1} u_n$ 收敛,且其和 $S \le u_1$,其余项 r_n 的绝对值 $|r_n| \le u_{n+1}$.

(5) 任意项级数的绝对收敛与条件收敛

定义　设级数 $\sum\limits_{n=1}^{\infty} u_n$ 收敛,若级数 $\sum\limits_{n=1}^{\infty} |u_n|$ 也收敛,则称级数 $\sum\limits_{n=1}^{\infty} u_n$ 绝对收敛,若级数 $\sum\limits_{n=1}^{\infty} |u_n|$ 发散,就称级数 $\sum\limits_{n=1}^{\infty} u_n$ 条件收敛.

定理 7　若级数 $\sum\limits_{n=1}^{\infty} |u_n|$ 绝对收敛,则级数 $\sum\limits_{n=1}^{\infty} u_n$ 必收敛.

2. 幂级数

(1) 函数项级数的一般概念

定义　由定义在同一区间 I 内的函数序列 $\{u_n(x)\}$ 构成的无穷级数

$$u_1(x) + u_2(x) + \cdots + u_n(x) + \cdots$$

称为函数项级数. 简记为 $\sum\limits_{n=0}^{\infty} u_n(x)$. 取定 $x = x_0 \in I$ 时, 则得到一个数项级数

$$u_1(x_0) + u_2(x_0) + \cdots + u_n(x_0) + \cdots$$

如果级数收敛, 就称 x_0 是函数项级数的收敛点; 否则, 就称 x_0 是函数项级数的发散点. 函数项级数的所有收敛点的全体称为它的收敛域. 用 $S_n(x)$ 表示一个函数项级数的前 n 项和, $r_n(x) = S(x) - S_n(x)$ 称为函数项级数的余项.

（2）幂级数的收敛性及其运算

$$\sum_{n=0}^{\infty} a_n x^n = a_0 + a_1 x + a_2 x^2 + \cdots + a_n x^n + \cdots$$

定理1(阿贝尔(Abel)定理) 对于幂级数 $\sum\limits_{n=0}^{\infty} a_n x^n$,①若 $x = x_0(x_0 \neq 0)$ 时收敛, 则适合不等式 $|x| < |x_0|$ 的一切 x 使该级数绝对收敛;② 若 $x = x_0$ 时发散, 则适合不等式 $|x| > |x_0|$ 的一切 x 使该级数发散.

幂级数 $\sum\limits_{n=0}^{\infty} a_n x^n$ 存在收敛半径 R, 当 $|x| < R$ 时, 幂级数 $\sum\limits_{n=0}^{\infty} a_n x^n$ 绝对收敛, 当 $|x| > R$ 时, 幂级数 $\sum\limits_{n=0}^{\infty} a_n x^n$ 发散, $x = \pm R$ 时, 幂级数可能收敛或发散.

定理2 设幂级数 $\sum\limits_{n=0}^{\infty} a_n x^n$. 如果 $\lim\limits_{n \to \infty}\left|\dfrac{a_{n+1}}{a_n}\right| = \rho$, 则幂级数的收敛半径

$$R = \begin{cases} \dfrac{1}{\rho} & \rho \neq 0 \\ +\infty & \rho = 0 \\ 0 & \rho = +\infty \end{cases}$$

（3）幂级数的运算

① 四则运算

加、减运算 $\quad \sum\limits_{n=0}^{\infty} a_n x^n \pm \sum\limits_{n=0}^{\infty} b_n x^n = \sum\limits_{n=0}^{\infty} (a_n \pm b_n) x^n$

乘法运算 $\quad \sum\limits_{n=0}^{\infty} a_n x^n \cdot \sum\limits_{n=0}^{\infty} b_n x^n = \sum\limits_{n=1}^{\infty} (a_0 \cdot b_n + a_1 \cdot b_{n-1} + \cdots + a_n \cdot b_0) x^n$

② 分析性质

逐项求导数 $\quad$ 若幂级数 $\sum\limits_{n=0}^{\infty} a_n x^n$ 的收敛半径是 R, 则在 $(-R, R)$ 内的和函数 $S(x)$ 可导, 且有

$$S'(x) = \sum_{n=0}^{\infty} (a_n x^n)' = \sum_{n=1}^{\infty} n a_n x^{n-1} \quad (|x| < R)$$

逐项求导后的幂级数与原幂级数有相同的收敛半径.

逐项求积分 $\quad$ 若幂级数 $\sum\limits_{n=0}^{\infty} a_n x^n$ 的收敛半径是 R, 则在 $(-R, R)$ 内的和函数 $S(x)$ 可

积,且有

$$\int_0^x S(x)\,\mathrm{d}x = \sum_{n=0}^{\infty} \int_0^x a_n x^n \mathrm{d}x = \sum_{n=0}^{\infty} \frac{a_n}{n+1} x^{n+1}$$

逐项积分后的幂级数与原幂级数有相同的收敛半径.

（4）函数的幂级数展开

① 直接展开法　利用麦克劳林公式或泰勒公式将函数展开成幂级数的方法称为直接展开法.

② 几个常用初等函数的幂级数展开式

$$\mathrm{e}^x = \sum_{n=0}^{\infty} \frac{1}{n!} x^n,\ x \in \mathbf{R} \qquad \sin x = \sum_{n=0}^{\infty} (-1)^{n-1} \frac{1}{(2n-1)!} x^{2n-1},\ x \in \mathbf{R}$$

$$\cos x = \sum_{n=0}^{\infty} (-1)^n \frac{1}{(2n)!} x^{2n},\ x \in \mathbf{R} \quad \ln(1+x) = \sum_{n=0}^{\infty} (-1)^n \frac{1}{n+1} x^{n+1} + \cdots,\ x \in (-1,1]$$

$$(1+x)^m = 1 + mx + \frac{m(m-1)}{2!} x^2 + \cdots + \frac{m(m-1)\cdots(m-n+1)}{n!} x^n + \cdots,\ -1 < x < 1$$

③ 间接展开法

即利用上式公式和级数的四则运算与分析运算将函数展开成幂级数的方法.

3. 幂级数的应用,发生函数

定义　如果数列 $\{A_n\}$ 为给定的或待定的数列,那么相应的幂级数 $F(x) = \sum_{n=1}^{\infty} A_n x^n$ 就称为数列 $\{A_n\}$ 的发生函数,反过来,给定一个幂级数 $F(x) = \sum_{n=1}^{\infty} A_n x^n$,它的系数序列 $\{A_n\}$ 就称为该幂级数的生成序列. 每一个幂级数只能有一个"生成序列",即生成序列是唯一确定的,即前面所述幂级数展开式定理. 正因为有了这一定理,可以使我们把生成序列与幂级数之间的一一对应关系理解成一个变换关系,并且记作 $G\{A_k\} = \sum_{k=0}^{\infty} A_k x^k$,以后则称 $G\{A_k\}$ 为数列 $\{A_k\}$ 的发生函数.

发生函数的应用请见教材.

4. 傅里叶级数

（1）三角函数系的正交性

称 $\dfrac{a_0}{2} + \sum_{n=1}^{\infty} (a_n \cos nx + b_n \sin nx)$ 为三角级数,其中

$$1, \cos x, \sin x, \cos 2x, \sin 2x, \cdots, \cos nx, \sin nx, \cdots$$

称为三角函数系,它在 $[-\pi, \pi]$ 上具有正交性,即任取两个不同的函数相乘做定积分,其值都为零.

（2）傅里叶级数

若 $\dfrac{a_0}{2} + \sum_{n=1}^{\infty} (a_n \cos nx + b_n \sin nx)$ 中

$$a_n = \frac{1}{\pi} \int_{-\pi}^{\pi} f(x) \cos nx \mathrm{d}x \qquad (n = 0,1,2,\cdots)$$

$$b_n = \frac{1}{\pi} \int_{-\pi}^{\pi} f(x) \sin nx \mathrm{d}x \qquad (n = 1,2,3,\cdots)$$

则称 $\dfrac{a_0}{2} + \sum_{n=1}^{\infty} (a_n \cos nx + b_n \sin nx)$ 为傅里叶级数，a_n, b_n 称为傅里叶系数.

收敛定理(狄利克雷(Dirichlet)充分条件)　设函数 $f(x)$ 是周期为 2π 的周期函数，如果它满足条件：在一个周期内连续或只有有限个第一类间断点，且至多有有限个极值点，则 $f(x)$ 的傅里叶级数收敛，并且①当 x 是 $f(x)$ 的连续点时，级数收敛于 $f(x)$；②当 x 是 $f(x)$ 的间断点时，级数收敛于 $\dfrac{f(x-0) + f(x+0)}{2}$. 其中 $f(x-0)$ 表示 $f(x)$ 在 x 处的左极限，$f(x+0)$ 表示 $f(x)$ 在 x 处的右极限.

（3）奇函数与偶函数的傅里叶级数

当 $f(x)$ 为奇函数时，$a_n = 0 (n = 0,1,2,\cdots)$，$b_n = \dfrac{2}{\pi} \int_0^{\pi} f(x) \sin nx \mathrm{d}x (n = 1,2,3,\cdots)$，

所以奇函数的傅里叶级数就是正弦级数 $\sum_{n=1}^{\infty} b_n \sin nx$.

当 $f(x)$ 为偶函数时，$a_n = \dfrac{2}{\pi} \int_0^{\pi} f(x) \cos nx \mathrm{d}x (n = 0,1,2,\cdots)$，$b_n = 0 (n = 1,2,3,\cdots)$，

所以偶函数的傅里叶级数就是余弦级数 $\dfrac{a_0}{2} + \sum_{n=1}^{\infty} a_n \cos nx$.

（4）周期为 T 的周期函数的展开

函数 $f(x)$ 就是以 $2l$ 为周期的周期函数并满足收敛定理的条件，则

$$f(x) = \frac{a_0}{2} + \sum_{n=1}^{\infty} \left(a_n \frac{\cos n\pi x}{l} + b_k \frac{\sin n\pi x}{l} \right)$$

其中傅里叶系数

$$a_n = \frac{1}{l} \int_{-l}^{l} f(x) \cos \frac{n\pi x}{l} \mathrm{d}x \quad (n = 0,1,2,\cdots)$$

$$b_n = \frac{1}{l} \int_{-l}^{l} f(x) \sin \frac{n\pi x}{l} \mathrm{d}x \quad (n = 1,2,3,\cdots)$$

在连续点处收敛于 $f(x)$，在间断点处收敛于 $\dfrac{f(x-0) + f(x+0)}{2}$.

11.2　典型题精解

例1　证明级数 $\sum_{n=1}^{\infty} \dfrac{1}{\sqrt{n(n+1)}}$ 是发散的.

证　因为 $\dfrac{1}{\sqrt{n(n+1)}} > \dfrac{1}{n+1}$，而级数 $\sum_{n=1}^{\infty} \dfrac{1}{n+1}$ 发散，所以 $\sum_{n=1}^{\infty} \dfrac{1}{\sqrt{n(n+1)}}$ 发散.

例 2　判别级数 $\sum\limits_{n=1}^{\infty} \dfrac{2n+1}{(n+1)^2(n+2)^2}$ 的收敛性.

解　运用比较判别法. 因

$$\frac{2n+1}{(n+1)^2(n+2)^2} < \frac{2n+2}{(n+1)^2(n+2)^2} < \frac{2}{(n+1)^3} < \frac{2}{n^3},$$ 而 $\sum\limits_{n=1}^{\infty} \dfrac{1}{n^3}$ 是收敛的,所以原级数收敛.

例 3　设 $a_n \leqslant c_n \leqslant b_n (n=1,2,\cdots)$,且 $\sum\limits_{n=1}^{\infty} a_n$ 及 $\sum\limits_{n=1}^{\infty} b_n$ 均收敛,证明级数 $\sum\limits_{n=1}^{\infty} c_n$ 收敛.

证　由 $a_n \leqslant c_n \leqslant b_n$,得 $0 \leqslant c_n - a_n \leqslant b_n - a_n (n=1,2,\cdots)$. 由于 $\sum\limits_{n=1}^{\infty} a_n$ 与 $\sum\limits_{n=1}^{\infty} b_n$ 都收敛,故 $\sum\limits_{n=1}^{\infty}(b_n - a_n)$ 是收敛的,从而由比较判别法知,正项级数 $\sum\limits_{n=1}^{\infty}(c_n - a_n)$ 也收敛. 再由 $\sum\limits_{n=1}^{\infty} a_n$ 与 $\sum\limits_{n=1}^{\infty}(c_n - a_n)$ 的收敛性可推知:级数 $\sum\limits_{n=1}^{\infty} c_n = \sum\limits_{n=1}^{\infty}[a_n + (c_n - a_n)]$ 也收敛.

例 4　判定下列级数的敛散性:

(1) $\sum\limits_{n=1}^{\infty} \ln\left(1 + \dfrac{1}{n^2}\right)$;　　　(2) $\sum\limits_{n=1}^{\infty} \sqrt{n+1}\left(1 - \cos\dfrac{\pi}{n}\right)$.

解　(1) 因 $\ln\left(1 + \dfrac{1}{n^2}\right) \sim \dfrac{1}{n^2}(n \to \infty)$,故 $\lim\limits_{n\to\infty} n^2 u_n = \lim\limits_{n\to\infty} n^2 \ln\left(1 + \dfrac{1}{n^2}\right) = \lim\limits_{n\to\infty} n^2 \cdot \dfrac{1}{n^2} = 1$

根据极限判别法,知所给级数收敛.

(2) 因为

$$\lim_{n\to\infty} n^{3/2} u_n = \lim_{n\to\infty} n^{3/2} u_n \sqrt{n+1}\left(1 - \cos\frac{\pi}{n}\right) = \lim_{n\to\infty} n^2 \sqrt{\frac{n+1}{n}} \cdot \frac{1}{2}\left(\frac{\pi}{n}\right)^2 = \frac{1}{2}\pi^2$$

根据极限判别法,知所给级数收敛.

例 5　判别下列级数的收敛性:

(1) $\sum\limits_{n=1}^{\infty} \dfrac{1}{n!}$;　　　(2) $\sum\limits_{n=1}^{\infty} \dfrac{n!}{10^n}$.　　　(3) $\sum\limits_{n=1}^{\infty} \dfrac{1}{(2n-1) \cdot 2n}$.

解　(1) $\dfrac{u_{n+1}}{u_n} = \dfrac{1/(n+1)!}{1/n!} = \dfrac{1}{n+1} \xrightarrow{n\to\infty} 0$,故级数 $\sum\limits_{n=1}^{\infty} \dfrac{1}{n!}$ 收敛.

(2) $\dfrac{u_{n+1}}{u_n} = \dfrac{(n+1)!}{10^{n+1}} \cdot \dfrac{10^n}{n!} \xrightarrow{n\to\infty} \infty$,故级数 $\sum\limits_{n=1}^{\infty} \dfrac{n!}{10^n}$ 发散.

(3) $\lim\limits_{n\to\infty} \dfrac{u_{n+1}}{u_n} = \lim\limits_{n\to\infty} \dfrac{(2n-1) \cdot 2n}{(2n+1) \cdot (2n+2)} = 1$,比值判别法失效,改用比较判别法,因为

$$\frac{1}{(2n-1) \cdot 2n} < \frac{1}{n^2}$$ 而级数 $\sum\limits_{n=1}^{\infty} \dfrac{1}{n^2}$ 收敛,所以 $\sum\limits_{n=1}^{\infty} \dfrac{1}{(2n-1) \cdot 2n}$ 收敛.

例 6　判别级数 $\sum\limits_{n=1}^{\infty} \dfrac{n! \, a^n}{n^n}(a > 0)$ 的收敛性.

解　采用比较判别法,由于

$$\lim_{n\to\infty} \frac{u_{n+1}}{u_n} = \lim_{n\to\infty} \frac{a^{n+1}(n+1)!}{(n+1)^{n+1}} \cdot \frac{n^n}{a^n \cdot n!} = \lim_{n\to\infty} \frac{a}{(1 + 1/n)^n} = \frac{a}{e}$$

所以当 $0 < a < e$ 时,原级数收敛;当 $a > e$ 时,原级数发散;当 $a = e$ 时,比值法失效,但此时注意到:

数列 $x_n = \left(1 + \dfrac{1}{n}\right)^n$ 严格单调增加,且 $\left(1 + \dfrac{1}{n}\right)^n < e$

于是 $\dfrac{u_{n+1}}{u_n} = \dfrac{e}{x_n} > 1$,即 $u_{n+1} > u_n$,故 $u_n > u_1 = e$,由此得到 $\lim\limits_{n \to \infty} u_n \neq 0$,所以当 $a = e$ 时原级数发散.

例 7 判断 $\sum\limits_{n=1}^{\infty} (-1)^{n-1} \dfrac{\ln n}{n}$ 的收敛性.

解 由于 $u_n = \dfrac{\ln n}{n} > 0 (n > 1)$,所以 $\sum\limits_{n=1}^{\infty} (-1)^{n-1} \dfrac{\ln n}{n}$ 是交错级数. 令 $f(x) = \dfrac{\ln x}{x} (x > 3)$,有 $f'(x) = \dfrac{1 - \ln x}{x^2} < 0 (x > 3)$,即 $n > 3$ 时,$\left\{\dfrac{\ln n}{n}\right\}$ 是递减数列,又利用洛必达法则有 $\lim\limits_{x \to \infty} \dfrac{\ln n}{n} = \lim\limits_{x \to +\infty} \dfrac{\ln x}{x} = \lim\limits_{x \to +\infty} \dfrac{1}{x} = 0$,则由莱布尼茨定理知该级数收敛.

例 8 判别级数 $\sum\limits_{n=1}^{\infty} \dfrac{(-1)^{n-1}}{n^p} (p > 0)$ 的收敛性.

解 由 $\sum\limits_{n=1}^{\infty} \left|\dfrac{(-1)^{n-1}}{n^p}\right| = \sum\limits_{n=1}^{\infty} \dfrac{1}{n^p}$,易见当 $p > 1$ 时,题设级数绝对收敛;

当 $0 < p \leqslant 1$ 时,由莱布尼茨定理知 $\sum\limits_{n=1}^{\infty} \dfrac{(-1)^{n-1}}{n^p}$ 收敛,但 $\sum\limits_{n=1}^{\infty} \dfrac{1}{n^p}$ 发散,故题设级数条件收敛.

例 9 判别级数 $\sum\limits_{n=1}^{\infty} (-1)^n \dfrac{n^{n+1}}{(n+1)!}$ 的收敛性.

解 这是一个交错级数,令 $u_n = (-1)^n \dfrac{n^{n+1}}{(n+1)!}$,考察级数 $\sum\limits_{n=1}^{\infty} |u_n|$ 是否绝对收敛. 采用比值审敛法

$$\lim_{n \to \infty} \frac{|u_{n+1}|}{|u_n|} = \lim_{n \to \infty} \frac{(n+1)^{n+2}}{[(n+1)+1]!} \frac{(n+1)!}{n^{n+1}} =$$
$$\lim_{n \to \infty} \left(\frac{n+1}{n}\right)^n \cdot \frac{(n+1)^2}{n(n+2)} = \lim_{n \to \infty} \left(1 + \frac{1}{n}\right)^n = e > 1$$

所以原级数非绝对收敛.

由 $\lim\limits_{n \to \infty} \dfrac{|u_{n+1}|}{|u_n|} > 1$,可知当 n 充分大时,有 $|u_{n+1}| > |u_n|$,故 $\lim\limits_{n \to \infty} u_n \neq 0$,所以原级数发散.

例 10 求级数 $\sum\limits_{n=1}^{\infty} \dfrac{(-1)^n}{n} \left(\dfrac{1}{1+x}\right)^n$ 的收敛域.

解 由比值判别法

$$\frac{|u_{n+1}(x)|}{|u_n(x)|} = \frac{n}{n+1} \cdot \frac{1}{|1+x|} \xrightarrow{(n \to \infty)} \frac{1}{|1+x|}$$

(1) 当 $\dfrac{1}{\mid 1 + x \mid} < 1$ 故 $\mid 1 + x \mid > 1$，即 $x > 0$ 或 $x < -2$ 时，原级数绝对收敛.

(2) 当 $\dfrac{1}{\mid 1 + x \mid} > 1$ 故 $\mid 1 + x \mid < 1$，即 $-2 < x < 0$ 时，原级数发散.

(3) 当 $\mid 1 + x \mid = 1$ 故 $x = 0$ 或 $x = -2$，$x = 0$ 时，级数为 $\displaystyle\sum_{n=1}^{\infty} \dfrac{(-1)^n}{n}$，收敛；$x = -2$ 时，

级数为 $\displaystyle\sum_{n=1}^{\infty} \dfrac{1}{n}$，发散，故级数的收敛域为 $(-\infty, -2) \cup [0, +\infty)$.

例 11　求下列幂级数的收敛域：

(1) $\displaystyle\sum_{n=1}^{\infty} (-1)^n \dfrac{x^n}{n}$;　　　　(2) $\displaystyle\sum_{n=1}^{\infty} (-nx)^n$;　　　　(3) $\displaystyle\sum_{n=1}^{\infty} \dfrac{x^n}{n!}$.

解　(1) $\rho = \lim\limits_{n \to \infty} \left| \dfrac{a_{n+1}}{a_n} \right| = \lim\limits_{n \to \infty} \dfrac{\dfrac{1}{(n+1)}}{\dfrac{1}{n}} = \lim\limits_{n \to \infty} \dfrac{n}{n+1} = 1$，所以收敛半径 $R = 1$.

当 $x = 1$ 时，级数成为 $\displaystyle\sum_{n=1}^{\infty} \dfrac{(-1)^n}{n}$，该级数收敛；当 $x = -1$ 时，级数成为 $\displaystyle\sum_{n=1}^{\infty} \dfrac{1}{n}$，该级数发散. 从而所求收敛域为 $(-1, 1]$.

(2) 因为 $\rho = \lim\limits_{n \to \infty} \sqrt[n]{\mid a_n \mid} = \lim\limits_{n \to \infty} n = +\infty$，故收敛半径 $R = 0$，即题设级数只在 $x = 0$ 处收敛.

(3) 因为 $\rho = \lim\limits_{n \to \infty} \left| \dfrac{a_{n+1}}{a_n} \right| = \lim\limits_{n \to \infty} \dfrac{\dfrac{1}{(n+1)!}}{\dfrac{1}{n!}} = \lim\limits_{n \to \infty} \dfrac{1}{n+1} = 0$，所以收敛半径 $\rho = +\infty$，所求

收敛域为 $(-\infty, +\infty)$.

例 12　求幂级数 $\displaystyle\sum_{n=1}^{\infty} \left[\dfrac{(-1)^n}{n} + \dfrac{1}{4^n} \right] x^n$ 的收敛域.

解　已知级数 $\displaystyle\sum_{n=1}^{\infty} \dfrac{(-1)^n}{n} x^n$ 的收敛域为 $(-1, 1]$. 对级数 $\displaystyle\sum_{n=1}^{\infty} \dfrac{1}{4^n} x^n$，有

$$\rho = \lim\limits_{n \to \infty} \left| \dfrac{a_{n+1}}{a_n} \right| = \lim\limits_{n \to \infty} \dfrac{1}{4^{n+1}} \cdot \dfrac{4^n}{1} = \dfrac{1}{4}$$

所以，其收敛半径为 4. 易见当 $x = \pm 4$ 时，该级数发散. 因此级数 $\displaystyle\sum_{n=1}^{\infty} \dfrac{1}{4^n} x^n$ 的收敛域为

$(-4, 4)$.

由幂级数的代数运算性质，题设级数的收敛域为 $(-1, 1]$.

例 13　求幂级数 $\displaystyle\sum_{n=1}^{\infty} (-1)^{n-1} \dfrac{x^n}{n}$ 的和函数.

解　已知题设级数的收敛域为 $(-1, 1]$，设其和函数为 $s(x)$，即

$$s(x) = x - \dfrac{x^2}{2} + \dfrac{x^3}{3} - \dfrac{x^4}{4} + \cdots + (-1)^{n-1} \dfrac{x^n}{n} + \cdots$$

显然 $s(0) = 0$，且 $s'(x) = 1 - x + x^2 + \cdots + (-1)^{n-1}x^{n-1} + \cdots = \dfrac{1}{1+x}(-1 < x < 1)$，

由积分公式 $\displaystyle\int_0^x s'(x)\mathrm{d}x = s(x) - s(0)$，得

$$s(x) = s(0) + \int_0^x s'(x)\mathrm{d}x = \int_0^x \frac{1}{1+x}\mathrm{d}x = \ln(1+x)$$

因题设级数在 $x = 1$ 时收敛，所以 $\displaystyle\sum_{n=1}^{\infty} (-1)^{n-1}\frac{x^n}{n} = \ln(1+x)(-1 < x \leqslant 1)$.

例 14　求幂级数 $\displaystyle\sum_{n=0}^{\infty} (n+1)^2 x^n$ 的和函数.

解　因为 $\left|\dfrac{a_{n+1}}{a_n}\right| = \dfrac{(n+2)^2}{(n+1)^2} \to 1$，故题设级数的收敛半径 $R = 1$，易见当 $x = \pm 1$ 时，题

设级数发散，所以题设级数的收敛域为 $(-1, 1)$，设 $s(x) = \displaystyle\sum_{n=0}^{\infty} (n+1)^2 x^n (|x| < 1)$，则

$$\int_0^x s(x)\mathrm{d}x = \sum_{n=0}^{\infty} (n+1)x^{n+1} = x\sum_{n=0}^{\infty} (x^{n+1})' = x\left(\sum_{n=0}^{\infty} x^{n+1}\right)' = x\left(\frac{x}{1-x}\right)' = \frac{x}{(1-x)^2}$$

在上式两端求导，得所求和函数

$$s(x) = \frac{1+x}{(1-x)^3} \quad (|x| < 1)$$

例 15　将函数 $f(x) = \arctan x$ 展开成 x 的幂级数.

解
$$\arctan x = \int_0^x \frac{\mathrm{d}x}{1+x^2} =$$
$$\int_0^x \left[1 - x^2 + x^4 - \cdots + (-1)^n x^{2n} + \cdots\right]\mathrm{d}x =$$
$$x - \frac{1}{3}x^3 + \frac{1}{5}x^5 - \cdots + (-1)^n \frac{x^{2n+1}}{2n+1} + \cdots, \quad x \in (-1, 1)$$

当 $x = 1$ 时，级数 $\displaystyle\sum_{n=0}^{\infty} \frac{(-1)^n}{2n+1}$ 收敛；当 $x = -1$ 时，级数 $\displaystyle\sum_{n=0}^{\infty} \frac{(-1)^{n+1}}{2n+1}$ 收敛. 且当 $x = \pm 1$

时，函数 $\arctan x$ 连续，所以

$$\arctan x = x - \frac{1}{3}x^3 + \frac{1}{5}x^5 - \cdots + (-1)^n \frac{x^{2n+1}}{2n+1} + \cdots, \quad x \in [-1, 1]$$

例 16　将函数 $\ln(4 - 3x - x^2)$ 展开成 x 的幂级数.

解　$\ln(4 - 3x - x^2) = \ln(1-x)(4+x) = \ln(1-x) + \ln(4+x)$

而 $\ln(1-x) = \ln[1 + (-x)] = (-x) - \dfrac{(-x)^2}{2} + \dfrac{(-x)^3}{3} - \cdots(-1 \leqslant x < 1)$

$$\ln(4 + x) = \ln 4\left(1 + \frac{x}{4}\right) = \ln 4 + \ln\left(1 + \frac{x}{4}\right) =$$
$$\ln 4 + \frac{x}{4} - \frac{1}{2}\cdot\left(\frac{x}{4}\right)^2 + \frac{1}{3}\cdot\left(\frac{x}{4}\right)^3 - \cdots \quad (-4 < x \leqslant 4)$$

所以

$$\ln(4 - 3x - x^2) = \left(-x - \frac{x^2}{2} - \frac{x^3}{3} - \cdots\right) + \ln 4 + \frac{x}{4} - \frac{x^2}{2 \cdot 4^2} + \frac{x^3}{3 \cdot 4^3} - \cdots =$$

$$\ln 4 - \frac{3}{4}x - \frac{17}{32}x^2 - \frac{63}{192}x^3 - \cdots \quad (-1 \leqslant x < 1)$$

例 17　计算 $\sqrt[5]{240}$ 的近似值,要求误差不超过 0.000 1.

解　$\sqrt[5]{240} = \sqrt[5]{243 - 3} = 3(1 - 1/3^4)^{1/5}$,利用二项展开式,并取 $m = 1/5, x = -1/3^4$,即得

$$\sqrt[5]{240} = 3\left(1 - \frac{1}{5} \cdot \frac{1}{3^4} - \frac{1 \cdot 4}{5^2 \cdot 2!} \cdot \frac{1}{3^8} - \frac{1 \cdot 4 \cdot 9}{5^3 \cdot 3!} \frac{1}{3^{12}} - \cdots\right)$$

这个级数收敛很快. 取前两项的和作为 $\sqrt[5]{240}$ 的近似值,其截断误差为

$$|r_2| = 3\left(\frac{1 \cdot 4}{5^2 \cdot 2!} \cdot \frac{1}{3^8} + \frac{1 \cdot 4 \cdot 9}{5^3 \cdot 3!} \cdot \frac{1}{3^{12}} + \frac{1 \cdot 4 \cdot 9 \cdot 14}{5^4 \cdot 4!} \cdot \frac{1}{3^{16}} + \cdots\right) <$$

$$3 \cdot \frac{1 \cdot 4}{5^2 \cdot 2!} \cdot \frac{1}{3^8}\left[1 + \frac{1}{81} + \left(\frac{1}{81}\right)^2 + \cdots\right] =$$

$$\frac{6}{25} \cdot \frac{1}{3^8} \cdot \frac{1}{1 - 1/81} = \frac{1}{25 \cdot 27 \cdot 40} < \frac{1}{20\ 000}$$

故取近似式为 $\sqrt[5]{240} \approx 3\left(1 - \frac{1}{5} \cdot \frac{1}{3^4}\right)$.

为了使舍入误差与截断误差之和不超过 10^{-4},计算时应取五位小数,然后再四舍五入. 因此最后得 $\sqrt[5]{240} \approx 2.992\ 6$.

例 18　设 $f(x)$ 是周期为 2π 为周期函数,它在 $(-\pi, \pi]$ 的表达式为

$$f(x) = \begin{cases} -1, & -\pi < x \leqslant 0 \\ 1 + x^2, & 0 < x \leqslant \pi \end{cases}$$

试写出 $f(x)$ 的傅里叶级数展开式在区间 $(-\pi, \pi]$ 上的和函数 $s(x)$ 的表达式.

解　此题只求 $f(x)$ 的傅里叶级数的和函数,因此不需要求出 $f(x)$ 的傅里叶级数. 因为函数 $f(x)$ 满足狄利克雷收敛定理的条件,在 $(-\pi, \pi]$ 上的第一类间断点为 $x = 0, \pi$,在其余点处均连续. 故由收敛定理知,在间断点 $x = 0$ 处,和函数

$$s(x) = \frac{f(0 - 0) + f(0 + 0)}{2} = \frac{-1 + 1}{2} = 0$$

在间断点 $x = \pi$ 处,和函数

$$s(x) = \frac{f(\pi - 0) + f(-\pi + 0)}{2} = \frac{(1 + \pi^2) + (-1)}{2} = \frac{\pi^2}{2}$$

因此,所求和函数

$$s(x)\begin{cases} -1, & -\pi < x < 0 \\ 1 + x^2, & 0 < x < \pi \\ 0, & x = 0 \\ \pi^2/2, & x = \pi \end{cases}$$

例 19 将函数 $f(x) = x^2 (-\pi \leqslant x \leqslant \pi)$ 展开成傅里叶级数.

解 题设函数满足狄利克雷收敛定理的条件,且作周期延拓后的函数 $F(x)$ 在区间 $[-\pi, \pi]$ 上处处连续. 故 $F(x)$ 的傅里叶级数在区间 $[-\pi, \pi]$ 上收敛于和 $f(x)$. 注意到 $f(x) = x^2$ 是偶函数,故其傅里叶系数

$$b_n = 0 (n = 1, 2, 3, \cdots),$$

$$a_0 = \frac{2}{\pi} \int_0^\pi f(x) \, \mathrm{d}x = \frac{2}{\pi} \int_0^\pi x^2 \, \mathrm{d}x = \frac{2}{3}\pi^2,$$

$$a_n = \frac{2}{\pi} \int_0^\pi f(x) \cos nx \, \mathrm{d}x = \frac{2}{\pi} \int_0^\pi x^2 \cos nx \, \mathrm{d}x = \frac{2}{n\pi} \left[\left(x^2 \cdot \sin nx \mid_0^\pi - \int_0^\pi 2x \sin nx \, \mathrm{d}x \right) \right] =$$

$$\frac{4}{n^2\pi} \int_0^\pi x \mathrm{d}(\cos nx) = \frac{4}{n^2\pi} \left[(x \cos nx) \mid_0^\pi - \int_0^\pi \cos nx \, \mathrm{d}x \right] =$$

$$\frac{4}{n^2} \cos n\pi = \frac{4}{n^2}(-1)^n \quad (n = 1, 2, 3, \cdots)$$

于是得到所求函数的傅里叶级数

$$f(x) = \frac{\pi^2}{3} + \sum_{n=1}^\infty \frac{4}{n^2}(-1)^n \cos nx \quad (-\pi \leqslant x \leqslant \pi)$$

11.3　同步题解析

习题 11.1 解答

1.写出下列各级数的一般项:

$(1) -1 + \frac{1}{2} - \frac{1}{4} + \frac{1}{8} - \cdots;$

$(2) \frac{\sqrt{x}}{2} + \frac{x}{2 \cdot 4} + \frac{x\sqrt{x}}{2 \cdot 4 \cdot 6} + \frac{x^2}{2 \cdot 4 \cdot 6 \cdot 8} + \cdots;$

$(3) -\frac{1}{2} + 0 + \frac{1}{4} + \frac{2}{5} + \frac{3}{6} + \cdots;$

$(4) 1 - \frac{8}{2} + \frac{27}{6} - \frac{64}{24} + \cdots.$

解 $(1) \dfrac{(-1)^n}{2^{n-1}};$

$(2) \dfrac{x^{\frac{n}{2}}}{(2n)!!} = \dfrac{x^{\frac{n}{2}}}{2 \cdot 4 \cdot 6 \cdot \cdots \cdot (2n)};$

$(3) \dfrac{n-2}{n+1};$

$(4) (-1)^{n-1} \dfrac{n^3}{n!}.$

2.判断下列级数的收敛性:

$(1) \sum_{n=1}^\infty \frac{1}{a^n}(a > 0);$　　　　$(2) \sum_{n=1}^\infty (\sqrt{n+1} - \sqrt{n});$

(3) $\sum\limits_{n=1}^{\infty} \dfrac{2+(-1)^n}{2^n}$;　　　　(4) $\sum\limits_{n=0}^{\infty} \dfrac{1}{(n+1)(n+2)}$;

(5) $\sum\limits_{n=1}^{\infty} \dfrac{1}{\sqrt[n]{2}}$;

解　(1) 级数 $\sum\limits_{n=1}^{\infty} \dfrac{1}{a^n}$ 为几何级数,$a>1$ 时,级数收敛,$0<a\leqslant 1$ 时,级数发散;

(2) 级数前 n 项和 $S_n=\sum\limits_{k=1}^{n}(\sqrt{k+1}-\sqrt{k})=\sqrt{n+1}-1$,

因为 $\lim\limits_{n\to\infty}S_n=\infty$,所以级数发散;

(3) 因级数 $\sum\limits_{n=1}^{\infty} \dfrac{2}{2^n}$ 和 $\sum\limits_{n=1}^{\infty} \dfrac{(-1)^n}{2^n}$ 都为几何级数且都收敛,所以级数 $\sum\limits_{n=1}^{\infty} \dfrac{2+(-1)^n}{2^n}$ 收敛;

(4) 级数的一般项 $u_n=\dfrac{1}{(n+1)(n+2)}=\dfrac{1}{n+1}-\dfrac{1}{n+2}$

级数的前 n 项和 $S_n=\sum\limits_{k=1}^{n}u_k=\sum\limits_{k=1}^{n}\left(\dfrac{1}{k+1}-\dfrac{1}{k+2}\right)=\dfrac{1}{2}-\dfrac{1}{n+2}$

因为 $\lim\limits_{n\to\infty}S_n=\dfrac{1}{2}$,所以级数收敛;

(5) 因为 $\lim\limits_{n\to\infty}\dfrac{1}{\sqrt[n]{2}}=1\neq 0$,所以级数发散.

3. 已知级数 $\sum\limits_{n=1}^{\infty}a_n$ 和 $\sum\limits_{n=1}^{\infty}b_n$ 都收敛,且对任意的 n 都有 $a_n\leqslant c_n\leqslant b_n$,证明级数 $\sum\limits_{n=1}^{\infty}c_n$ 收敛.

证明　因为 $a_n\leqslant c_n\leqslant b_n$,所以 $0\leqslant c_n-a_n\leqslant b_n-a_n$,因为 $\sum\limits_{n=1}^{\infty}a_n$ 和 $\sum\limits_{n=1}^{\infty}b_n$ 都收敛,

所以正项级数 $\sum\limits_{n=1}^{\infty}(b_n-a_n)$ 收敛,由正项级数比较审敛法,级数 $\sum\limits_{n=1}^{\infty}(c_n-a_n)$ 收敛,又

$\sum\limits_{n=1}^{\infty}a_n$ 收敛,而 $c_n=(c_n-a_n)+a_n$,所以级数 $\sum\limits_{n=1}^{\infty}c_n$ 收敛.

习题 11.2 解答

1. 用比较审敛法判别下列级数的敛散性:

(1) $\sum\limits_{n=1}^{\infty} \dfrac{1}{\sqrt{n(n^2+1)}}$;　　　　(2) $\sum\limits_{n=1}^{\infty} \ln\left(1+\dfrac{1}{n}\right)$;

(3) $\sum\limits_{n=1}^{\infty} \dfrac{1}{(n+1)(n+2)}$;　　　　(4) $\sum\limits_{n=1}^{\infty} \sin\dfrac{\pi}{2^n}$.

解　(1) 因 $\dfrac{1}{\sqrt{n(n^2+1)}}\leqslant\dfrac{1}{n^{\frac{3}{2}}}$,而 $\sum\limits_{n=1}^{\infty} \dfrac{1}{n^{\frac{3}{2}}}$ 收敛,由比较审敛法,所以级数 $\sum\limits_{n=1}^{\infty}$

$\dfrac{1}{\sqrt{n(n^2+1)}}$ 收敛;

(2) 因 $\lim\limits_{n\to\infty}\dfrac{\ln(1+\dfrac{1}{n})}{\dfrac{1}{n}}=1$，而 $\sum\limits_{n=1}^{\infty}\dfrac{1}{n}$ 发散，所以级数 $\sum\limits_{n=1}^{\infty}\ln(1+\dfrac{1}{n})$ 发散；

(3) 因 $\dfrac{1}{\sqrt{(n+1)(n+2)}}\leqslant\dfrac{1}{n^2}$，而 $\sum\limits_{n=1}^{\infty}\dfrac{1}{n^2}$ 收敛，所以由比较审敛法，知级数 $\sum\limits_{n=1}^{\infty}\dfrac{1}{\sqrt{n(n^2+1)}}$ 收敛；

(4) 因 $\sin\dfrac{\pi}{2^n}\leqslant\dfrac{\pi}{2^n}$，而 $\sum\limits_{n=1}^{\infty}\dfrac{\pi}{2^n}$ 收敛，所以由比较审敛法，知级数 $\sum\limits_{n=1}^{\infty}\sin\dfrac{\pi}{2^n}$ 收敛.

2. 用达朗贝尔审敛法判别下列级数的敛散性：

(1) $\sum\limits_{n=1}^{\infty}\dfrac{3^n}{n\cdot 2^n}$；　　　　　(2) $1+\dfrac{5}{2!}+\dfrac{5^2}{3!}+\dfrac{5^3}{4!}+\cdots$；

(3) $\sum\limits_{n=1}^{\infty}n\tan\dfrac{\pi}{3^n}$；　　　　　(4) $\sum\limits_{n=1}^{\infty}\dfrac{n\cos^2\dfrac{n\pi}{3}}{2^n}$；

(5) $\sum\limits_{n=1}^{\infty}\dfrac{2^n\cdot n!}{n^n}$；　　　　　(6) $\dfrac{2}{1\cdot 2}+\dfrac{2^2}{2\cdot 3}+\dfrac{2^3}{3\cdot 4}+\cdots$；

(7) $\sum\limits_{n=1}^{\infty}\dfrac{n^3}{3^n}$.

解　(1) 因 $\lim\limits_{n\to\infty}\dfrac{\dfrac{3^{n+1}}{(n+1)\cdot 2^{n+1}}}{\dfrac{3^n}{n\cdot 2^n}}=\dfrac{3}{2}>1$，所以由达朗贝尔审敛法，知级数 $\sum\limits_{n=1}^{\infty}n\tan\dfrac{\pi}{3^n}$ 发散；

(2) 因为 $\lim\limits_{n\to\infty}\dfrac{u_{n+1}}{u_n}=\lim\limits_{n\to\infty}\dfrac{\dfrac{5^n}{(n+1)!}}{\dfrac{5^{n-1}}{n!}}=0<1$，所以由达朗贝尔审敛法，知级数 $1+\dfrac{5}{2!}+\dfrac{5^2}{3!}+\dfrac{5^3}{4!}+\cdots$ 收敛；

(3) 因为 $\lim\limits_{n\to\infty}\dfrac{u_{n+1}}{u_n}=\lim\limits_{n\to\infty}\dfrac{(n+1)\tan\dfrac{\pi}{3^{n+1}}}{n\tan\dfrac{\pi}{3^n}}=\dfrac{1}{3}<1$，所以由达朗贝尔审敛法，知级数 $\sum\limits_{n=1}^{\infty}\dfrac{3^n}{n\cdot 2^n}$ 收敛；

(4) 因为 $\lim\limits_{n\to\infty}\dfrac{u_{n+1}}{u_n}=\dfrac{n\cos^2\dfrac{n\pi}{3}}{2^n}\leqslant\dfrac{n}{2^n}$，而 $\lim\limits_{n\to\infty}\dfrac{\dfrac{n+1}{2^{n+1}}}{\dfrac{n}{2^n}}=\dfrac{1}{2}<1$，所以由达朗贝尔审敛法，知

$\sum\limits_{n=1}^{\infty} \dfrac{n}{2^n}$ 收敛,又由比较审敛法,有级数 $\sum\limits_{n=1}^{\infty} \dfrac{n\cos^2\frac{n\pi}{3}}{2^n}$ 收敛;

(5) 因为 $\lim\limits_{n\to\infty} \dfrac{u_{n+1}}{u_n} = \lim\limits_{n\to\infty} \dfrac{\dfrac{2^{n+1}\cdot(n+1)!}{(n+1)^{n+1}}}{\dfrac{2^n\cdot n!}{n^n}} = \lim\limits_{n\to\infty} \dfrac{2n^n}{(n+1)^n} = 2\lim\limits_{n\to\infty} \dfrac{1}{\left(1+\dfrac{1}{n}\right)^n} = \dfrac{2}{e} < 1,$

所以由达朗贝尔审敛法,知级数 $\sum\limits_{n=1}^{\infty} \dfrac{2^n\cdot n!}{n^n}$ 收敛;

(6) 因为 $\lim\limits_{n\to\infty} \dfrac{u_{n+1}}{u_n} = \lim\limits_{n\to\infty} \dfrac{\dfrac{2^{n+1}}{(n+1)\cdot(n+2)}}{\dfrac{2^n}{n\cdot(n+1)}} = 2 > 1,$ 所以由达朗贝尔审敛法,知级数

$\dfrac{2}{1\cdot2} + \dfrac{2^2}{2\cdot3} + \dfrac{2^3}{3\cdot4} + \cdots$ 发散;

(7) 因为 $\lim\limits_{n\to\infty} \dfrac{u_{n+1}}{u_n} = \lim\limits_{n\to\infty} \dfrac{\dfrac{(n+1)^3}{3^{n+1}}}{\dfrac{n^3}{3^n}} = \dfrac{1}{3} < 1,$ 所以由达朗贝尔审敛法,级数 $\sum\limits_{n=1}^{\infty} \dfrac{n^3}{3^n}$ 收敛.

3. 用柯西审敛法判别下列级数的敛散性:

(1) $\sum\limits_{n=1}^{\infty} \left(\dfrac{n}{2n+1}\right)^n$;　　　　(2) $\sum\limits_{n=1}^{\infty} \left(\dfrac{4n^2}{3n^2+1}\right)^n$;

(3) $\sum\limits_{n=1}^{\infty} \left(1-\dfrac{1}{n}\right)^{n^2}$;　　　　(4) $\sum\limits_{n=1}^{\infty} \left(\dfrac{n}{3n-1}\right)^{2n-1}$.

解　(1) 因为 $\lim\limits_{n\to\infty} \sqrt[n]{u_n} = \lim\limits_{n\to\infty} \dfrac{n}{2n+1} = \dfrac{1}{2} < 1,$ 所以由柯西审敛法,知级数

$\sum\limits_{n=1}^{\infty} \left(\dfrac{n}{2n+1}\right)^n$ 收敛;

(2) 因为 $\lim\limits_{n\to\infty} \sqrt[n]{u_n} = \lim\limits_{n\to\infty} \dfrac{4n^2}{3n^2+1} = \dfrac{4}{3} > 1,$ 所以由柯西审敛法,知级数 $\sum\limits_{n=1}^{\infty} \left(\dfrac{4n^2}{3n^2+1}\right)^n$

发散;

(3) 因为 $\lim\limits_{n\to\infty} \sqrt[n]{u_n} = \lim\limits_{n\to\infty} \left(1-\dfrac{1}{n}\right)^n = \dfrac{1}{e} < 1,$ 所以由柯西审敛法,知级数 $\sum\limits_{n=1}^{\infty} \left(1-\dfrac{1}{n}\right)^{n^2}$

收敛;

(4) 因为 $\lim\limits_{n\to\infty} \sqrt[n]{u_n} = \lim\limits_{n\to\infty} \left(\dfrac{n}{3n-1}\right)^{\frac{2n-1}{n}} = \dfrac{1}{9} < 1,$ 所以由柯西审敛法,知级数

$\sum\limits_{n=1}^{\infty} \left(\dfrac{4n^2}{3n^2+1}\right)^n$ 收敛.

4. 设 $u_n > 0$,如果级数 $\sum\limits_{n=1}^{\infty} u_n$ 收敛,证明级数 $\sum\limits_{n=1}^{\infty} u_n^2$ 收敛.

证明 因为级数 $\sum\limits_{n=1}^{\infty} u_n$ 收敛，所以 $\lim\limits_{n\to\infty} u_n = 0$，

所以 $\exists N$ 当 $n > N$ 时，$u_n < 1$，从而 $u_n^2 < u_n$，$n > N$ 时，又 $\sum\limits_{n=1}^{\infty} u_n$ 收敛，所以 $\sum\limits_{n=N+1}^{\infty} u_n$ 收敛，$\sum\limits_{n=N+1}^{\infty} u_n^2$ 收敛，从而 $\sum\limits_{n=1}^{\infty} u_n^2$ 收敛.

习题 11.3 解答

1. 判断下列级数是否收敛，若收敛，指出其是绝对收敛还是条件收敛：

(1) $\sum\limits_{n=1}^{\infty} (-1)^{n-1} \dfrac{1}{\sqrt{n}}$；　　　　(2) $\sum\limits_{n=1}^{\infty} \dfrac{\sin\frac{n\pi}{2}}{\sqrt{n^3}}$；

(3) $\sum\limits_{n=1}^{\infty} (-1)^{n-1} \dfrac{n}{2n+1}$；　　(4) $\sum\limits_{n=1}^{\infty} (-1)^{\frac{n(n-1)}{2}} \dfrac{1}{3^n}$；

(5) $\sum\limits_{n=2}^{\infty} \dfrac{(-1)^n}{\ln n}$；　　　　　(6) $\sum\limits_{n=1}^{\infty} (-1)^{n-1} \dfrac{1}{n^p} (p > 0)$.

解 (1) 因级数 $\sum\limits_{n=1}^{\infty} \dfrac{1}{\sqrt{n}}$ 发散，而 $\sum\limits_{n=1}^{\infty} (-1)^{n-1} \dfrac{1}{\sqrt{n}}$ 收敛，所以级数为条件收敛；

(2) $u_n = \dfrac{\sin\frac{n\pi}{2}}{\sqrt{n^3}}$，$|u_n| \leqslant \dfrac{1}{\sqrt{n^3}}$，因为级数 $\sum\limits_{n=1}^{\infty} \dfrac{1}{\sqrt{n^3}}$ 收敛，所以级数 $\sum\limits_{n=1}^{\infty} |u_n| =$

$\sum\limits_{n=1}^{\infty} \left| \dfrac{\sin\frac{n\pi}{2}}{\sqrt{n^3}} \right|$ 收敛，从而级数 $\sum\limits_{n=1}^{\infty} \dfrac{\sin\frac{n\pi}{2}}{\sqrt{n^3}}$ 绝对收敛；

(3) 因 $\lim\limits_{n\to\infty} \dfrac{n}{2n+1} = \dfrac{1}{2} \neq 0$，所以级数发散；

(4) 因 $\left| (-1)^{\frac{n(n-1)}{2}} \dfrac{1}{3^n} \right| = \dfrac{1}{3^n}$，而级数 $\sum\limits_{n=1}^{\infty} \dfrac{1}{3^n}$ 收敛，所以原级数收敛且绝对收敛；

(5) 这是一个交错级数，因 $\dfrac{1}{\ln n} > \dfrac{1}{\ln(n+1)}$ 且 $\lim\limits_{n\to\infty} \dfrac{1}{\ln n} = 0$，所以级数收敛，又 $\dfrac{1}{\ln n} > \dfrac{1}{n}$，且级数 $\sum\limits_{n=1}^{\infty} \dfrac{1}{n}$ 发散，所以级数 $\sum\limits_{n=2}^{\infty} \dfrac{1}{\ln n}$ 发散，从而原级数条件收敛；

(6) 这是一个交错级数，因 $\dfrac{1}{n^p} > \dfrac{1}{(n+1)^p}$ 且 $\lim\limits_{n\to\infty} \dfrac{1}{n^p} = 0$，所以级数收敛，又当 $p > 1$ 时级数 $\sum\limits_{n=1}^{\infty} \dfrac{1}{n^p}$ 收敛，$0 < p \leqslant 1$ 时级数 $\sum\limits_{n=1}^{\infty} \dfrac{1}{n^p}$ 发散，所以原级数当 $p > 1$ 时绝对收敛，当 $0 < p \leqslant 1$ 时条件收敛.

习题 11.4 解答

1. 求下列幂级数的收敛域：

(1) $\sum\limits_{n=0}^{\infty} n x^n$；　　　　　(2) $\sum\limits_{n=0}^{\infty} (-1)^n \dfrac{x^{2n}}{3^n}$；

（3）$\sum\limits_{n=0}^{\infty} \dfrac{1}{n!}(x-1)^n$；　　　　（4）$\sum\limits_{n=1}^{\infty} \dfrac{(x-2)^{n-1}}{\sqrt{n}}$.

解　（1）$c_n = n$，因为 $\lim\limits_{n \to \infty}\left|\dfrac{c_{n+1}}{c_n}\right| = 1$，所以 $R = 1$，当 $x = \pm 1$ 时，级数 $\sum\limits_{n=0}^{\infty} n$ 和 $\sum\limits_{n=0}^{\infty} n(-1)^n$ 都发散，所以幂级数的收敛域为 $(-1,1)$；

（2）这是一个缺项的幂级数

$$u_n = (-1)^n \dfrac{x^{2n}}{3^n}, \quad u_{n+1} = (-1)^{n+1} \dfrac{x^{2(n+1)}}{3^{n+1}}, \quad \lim\limits_{n \to \infty}\left|\dfrac{u_{n+1}}{u_n}\right| = \lim\limits_{n \to \infty}\dfrac{|x|^2}{3} = \dfrac{|x|^2}{3}$$

当 $\dfrac{|x|^2}{3} < 1$，即 $|x| < \sqrt{3}$ 时，级数收敛；

当 $\dfrac{|x|^2}{3} > 1$，即 $|x| > \sqrt{3}$ 时，级数发散；

所以 $R = \sqrt{3}$，$x = \pm\sqrt{3}$ 时，级数为 $\sum\limits_{n=0}^{\infty}(-1)^n$ 发散；

所以幂级数的收敛域为 $(-\sqrt{3}, \sqrt{3})$；

（3）$c_n = \dfrac{1}{n!}$，因为 $\lim\limits_{n \to \infty}\left|\dfrac{c_{n+1}}{c_n}\right| = 0$，所以 $R = +\infty$，所以幂级数的收敛域为 $(-\infty, \infty)$；

（4）$c_n = \dfrac{1}{\sqrt{n}}$，因为 $\lim\limits_{n \to \infty}\left|\dfrac{c_{n+1}}{c_n}\right| = 1$，所以 $R = 1$，

当 $x - 2 = 1$ 即 $x = 3$ 时，级数为 $\sum\limits_{n=1}^{\infty}\dfrac{1}{\sqrt{n}}$，发散；

当 $x - 2 = -1$ 即 $x = 1$ 时，级数为 $\sum\limits_{n=1}^{\infty}\dfrac{1}{\sqrt{n}}$，收敛；

所以幂级数的收敛域为 $[1,3)$.

2. 求下列幂级数的和函数：

（1）$\sum\limits_{n=1}^{\infty}(-1)^n \dfrac{x^n}{n}$，$|x| < 1$；　　（2）$\sum\limits_{n=1}^{\infty} 2nx^{2n-1}$，$|x| < 1$.

解　（1）设幂级数的和函数为 $S(x)$，即 $S(x) = \sum\limits_{n=1}^{\infty}(-1)^n \dfrac{x^n}{n}$，$|x| < 1$，$S(0) = 0$

两边求导

$$S'(x) = \sum\limits_{n=1}^{\infty}(-1)^n x^{n-1} = \dfrac{-1}{1+x}$$

积分有

$$S(x) - S(0) = -\ln(1+x)$$

即

$$S(x) = -\ln(1+x)$$

（2）设幂级数的和函数为 $S(x)$，即 $S(x) = \sum\limits_{n=1}^{\infty} 2nx^{2n-1}$，$|x| < 1$

两边积分

$$\int_0^x S(x)\,\mathrm{d}x = \sum_{n=1}^{\infty} x^{2n} = \frac{x^2}{1-x^2}$$

求导

$$S(x) = \left(\frac{x^2}{1-x^2}\right)' = \frac{2x}{(1-x^2)^2}$$

习题 11.5 解答

1. 利用间接展开法将下列函数展开成 x 幂级数,并求收敛域.

(1) $f(x) = \sin^2 x$；　　　　　(2) $f(x) = \dfrac{1}{(1+x)^2}$；

(3) $f(x) = \ln(2-x-x^2)$；　　(4) $f(x) = \dfrac{x}{2x^2+3x-2}$.

解　(1) $f(x) = \sin^2 x = \dfrac{1-\cos 2x}{2} = \dfrac{1}{2} - \dfrac{1}{2}\cos 2x$

因为 $\cos x = 1 - \dfrac{x^2}{2!} + \dfrac{x^4}{4!} - \cdots$ 　　　　　　　　$(-\infty < x < +\infty)$

所以 $\cos 2x = 1 - \dfrac{(2x)^2}{2!} + \dfrac{(2x)^4}{4!} - \cdots =$ 　　　　$(-\infty < x < +\infty)$

所以 $f(x) = \dfrac{2x^2}{2!} - \dfrac{2^3 x^4}{4!} + \dfrac{2^5 x^6}{6!} - \cdots = \sum_{n=1}^{\infty} \dfrac{(-1)^{n-1} 2 x^{2n}}{2(2n)!}$ 　$(-\infty < x < +\infty)$

(2) 因为 $\dfrac{1}{1+x} = 1 - x + x^2 - x^3 + \cdots$ 　　　　　　$(|x| < 1)$

所以求导: $-\dfrac{1}{(1+x)^2} = -1 + 2x - 3x^2 + 4x^3 - \cdots$ 　　$(|x| < 1)$

所以 $f(x) = \dfrac{1}{(1+x)^2} = 1 - 2x + 3x^2 - 4x^3 + \cdots = \sum_{n=1}^{\infty} (-1)^n (n+1) x^n$ 　$(|x| < 1)$

(3) $f(x) = \ln(2-x-x^2) = \ln(1-x)(2+x) = \ln(1-x) + \ln(2+x)$

因为 $\dfrac{1}{1-x} = 1 + x + x^2 + x^3 + \cdots$ 　　　　　　　　$(|x| < 1)$

所以积分 $-\ln(1-x) = x + \dfrac{x^2}{2} + \dfrac{x^3}{3} + \cdots + \dfrac{x^{n+1}}{n+1} + \cdots$ 　　$(-1 \leqslant x < 1)$

所以 $\ln(1-x) = -x - \dfrac{x^2}{2} - \dfrac{x^3}{3} - \cdots - \dfrac{x^{n+1}}{n+1} - \cdots$ 　　$(-1 \leqslant x < 1)$

$\dfrac{1}{2+x} = \dfrac{1}{2} \cdot \dfrac{1}{1+\frac{x}{2}} = \dfrac{1}{2}\left(1 - \dfrac{x}{2} + \left(\dfrac{x}{2}\right)^2 - \left(\dfrac{x}{2}\right)^3 + \cdots\right)$ 　$(|x| < 2)$

积分 $\ln(2+x) - \ln 2 = \dfrac{1}{2}x - \dfrac{1}{2^2} \cdot \dfrac{x^2}{2} + \dfrac{1}{2^3} \cdot \dfrac{x^3}{3} - \cdots$ 　$(|x| \leqslant 2)$

所以

$$f(x) = \ln 2 - \left(1 - \dfrac{1}{2}\right)x - \left(\dfrac{1}{2} + \dfrac{1}{2^2} \cdot \dfrac{1}{2}\right)x^2 - \left(\dfrac{1}{3} - \dfrac{1}{2^3} \cdot \dfrac{1}{3}\right)x^3 - \cdots -$$

$$(\frac{1}{n} + \frac{(-1)^n}{2^n} \cdot \frac{1}{n}) x^n - \cdots =$$

$$\ln 2 + \sum_{n=0}^{\infty} \left[\frac{(-1)^n - 2^{n+1}}{2^{n+1}(n+1)} \right] x^{n+1} \quad (-1 \leqslant x < 1)$$

(4) $\dfrac{1}{2x^2 + 3x - 2} = \dfrac{1}{(x+2)(2x-1)} = -\dfrac{1}{5} (\dfrac{1}{x+2} - \dfrac{2}{2x-1}) = \dfrac{1}{5} (\dfrac{2}{2x-1} - \dfrac{1}{x+2}),$

$$\frac{2}{2x-1} = -2 \frac{1}{1-2x} = -2(1 + 2x + (2x)^2 + \cdots + (2x)^n + \cdots) \quad (|x| < \frac{1}{2})$$

$$\frac{1}{x+2} = \frac{1}{2} \cdot \frac{1}{1 + \frac{x}{2}} = \frac{1}{2} (1 - \frac{x}{2} + (\frac{x}{2})^2 - (\frac{x}{2})^3 + \cdots + (-1)^n (\frac{x}{2})^n + \cdots) \quad (|x| < 2)$$

所以

$$f(x) = \frac{x}{5} (\frac{2}{2x-1} - \frac{1}{x+2}) =$$

$$\frac{x}{5} [- (\frac{1}{2} + 2) + (\frac{1}{2^2} - 2^2) x - (\frac{1}{2^3} + 2^3) x^2 + \cdots] =$$

$$-\frac{1}{5} (\frac{1}{2} + 2) x + \frac{1}{5} (\frac{1}{2^2} - 2^2) x^2 - \frac{1}{5} (\frac{1}{2^3} + 2^3) x^3 + \cdots =$$

$$\sum_{n=1}^{\infty} \frac{(-1)^n}{5} (\frac{1}{2^n} + (-1)^{n-1} 2^n) x^n =$$

$$\frac{1}{5} \sum_{n=1}^{\infty} (\frac{(-1)^n}{2^n} - 2^n) x^n \quad (-\frac{1}{2} < x < \frac{1}{2})$$

2. 将 $f(x) = \displaystyle\int_0^x \frac{\sin t}{t} \mathrm{d}t$ 展开成 x 的幂级数.

解 因为 $\sin t = t - \dfrac{t^3}{3!} + \dfrac{t^5}{5!} - \cdots + (-1)^n \dfrac{t^{2n+1}}{(2n+1)!} + \cdots \quad (-\infty < t < +\infty)$

所以

$$\frac{\sin t}{t} = 1 - \frac{t^2}{3!} + \frac{t^4}{5!} - \cdots + (-1)^n \frac{t^{2n}}{(2n+1)!} + \cdots \quad (t \neq 0)$$

所以

$$f(x) = \int_0^x \frac{\sin t}{t} \mathrm{d}t =$$

$$x - \frac{x^3}{3 \cdot 3!} + \frac{x^5}{5 \cdot 5!} - \cdots + (-1)^n \frac{x^{2n+1}}{(2n+1)(2n+1)!} + \cdots =$$

$$\sum_{n=1}^{\infty} \frac{(-1)^n}{(2n+1)(2n+1)!} x^{2n+1} \quad (-\infty, \infty)$$

3. 将 $f(x) = \cos x$ 展开成 $(x + \dfrac{\pi}{3})$ 的幂级数.

解 $\cos x = \cos(x + \dfrac{\pi}{3} - \dfrac{\pi}{3}) =$

$$\cos(x + \frac{\pi}{3}) \cos \frac{\pi}{3} + \sin(x + \frac{\pi}{3}) \sin \frac{\pi}{3} =$$

$$\frac{1}{2}\cos(x + \frac{\pi}{3}) + \frac{\sqrt{3}}{2}\sin(x + \frac{\pi}{3})$$

因为

$$\cos(x + \frac{\pi}{3}) = 1 - \frac{1}{2!}(x + \frac{\pi}{3})^2 + \frac{1}{4!}(x + \frac{\pi}{3})^4 - \cdots \quad (-\infty < x < +\infty)$$

$$\sin(x + \frac{\pi}{3}) = (x + \frac{\pi}{3}) - \frac{1}{3!}(x + \frac{\pi}{3})^3 + \frac{1}{5!}(x + \frac{\pi}{3})^5 - \cdots \quad (-\infty < x < +\infty)$$

所以

$$f(x) = \cos x = \frac{1}{2}\sum_{n=1}^{\infty}\frac{(-1)^n}{(2n)!}(x + \frac{\pi}{3})^{2n} + \frac{\sqrt{3}}{2}\sum_{n=0}^{\infty}\frac{(-1)^n}{(2n+1)!}(x + \frac{\pi}{3})^{2n+1}$$

$$(-\infty < x < +\infty)$$

4. 将 $f(x) = \dfrac{1}{x^2 + 3x + 2}$ 展开成 $(x + 4)$ 的幂级数.

解
$$f(x) = \frac{1}{x^2 + 3x + 2} = \frac{1}{x+1} - \frac{1}{x+2}$$

因为

$$\frac{1}{x+2} = \frac{1}{-2 + (x+4)} = -\frac{1}{2} \cdot \frac{1}{1 - \frac{x+4}{2}} =$$

$$-\frac{1}{2}[1 + \frac{x+4}{2} + (\frac{x+4}{2})^2 + \cdots + (\frac{x+4}{2})^n + \cdots] \quad (-6 < x < -2)$$

$$\frac{1}{x+1} = \frac{1}{-3 + (x+4)} = -\frac{1}{3} \cdot \frac{1}{1 - \frac{x+4}{3}} =$$

$$-\frac{1}{3}[1 + \frac{x+4}{3} + (\frac{x+4}{3})^2 + \cdots + (\frac{x+4}{3})^n + \cdots] \quad (-7 < x < -1)$$

所以

$$f(x) = (\frac{1}{2} - \frac{1}{3}) + (\frac{1}{2^2} - \frac{1}{3^2})(x+4) + \cdots + (\frac{1}{2^{n+1}} - \frac{1}{3^{n+1}})(x+4)^n + \cdots =$$

$$\sum_{n=1}^{\infty}(\frac{1}{2^{n+1}} - \frac{1}{3^{n+1}})(x+4)^{2n+1} \quad (-\infty, \infty)$$

习题 11.6 解答略
习题 11.7 解答

1. 求证三角函数系:

$$1, \cos\omega x, \sin\omega x, \cos 2\omega x, \sin 2\omega x, \cdots, \cos n\omega x, \sin n\omega x, \cdots$$

在 $\left[-\dfrac{T}{2}, \dfrac{T}{2}\right]$ 上具有正交性, 其中 $T = \dfrac{2\pi}{\omega}$.

证明 因为 $\displaystyle\int_{-\frac{T}{2}}^{\frac{T}{2}}\cos n\omega x\mathrm{d}x = \frac{1}{n\omega}\sin n\omega x\Big|_{-\frac{T}{2}}^{\frac{T}{2}} = 0$

$$\int_{-\frac{T}{2}}^{\frac{T}{2}} \sin n\omega x \mathrm{d}x = \frac{-1}{n\omega} \cos n\omega x \Big|_{-\frac{T}{2}}^{\frac{T}{2}} = 0$$

当 $m \neq n$ 时，　　　$\displaystyle\int_{-\frac{T}{2}}^{\frac{T}{2}} \cos n\omega x \cdot \cos m\omega x \mathrm{d}x =$

$$\frac{1}{2} \int_{-\frac{T}{2}}^{\frac{T}{2}} \big[\cos(n\omega x + m\omega x) + \cos(n\omega x - m\omega x) \big] \mathrm{d}x =$$

$$\frac{1}{2} \Big[-\frac{1}{(n+m)\omega} \sin(n\omega x + m\omega x) - \frac{1}{(n-m)\omega} \sin(n\omega x - m\omega x) \Big] \Big|_{-\frac{T}{2}}^{\frac{T}{2}} = 0$$

类似地，当 $m = n$ 时，可得 $\displaystyle\int_{-\frac{T}{2}}^{\frac{T}{2}} \sin n\omega x \cdot \sin m\omega x \mathrm{d}x = 0$ 及

$$\int_{-\frac{T}{2}}^{\frac{T}{2}} \sin n\omega x \cdot \cos m\omega x \mathrm{d}x = 0$$

2. 将下列周期为 2π 的周期函数 $f(x)$ 展开成傅里叶级数，其中 $f(x)$ 在 $[-\pi, \pi]$ 上的表达式为

$(1) f(x) = \begin{cases} \pi, & -\pi \leqslant x < 0 \\ x, & 0 \leqslant x < \pi \end{cases}$；$(2) f(x) = |x|$；

$(3) f(x) = \begin{cases} 0, & -\pi \leqslant x < \dfrac{\pi}{2} \\ 1, & -\dfrac{\pi}{2} \leqslant x < \dfrac{\pi}{2} \\ 0, & \dfrac{\pi}{2} \leqslant x < \pi \end{cases}$.

解　$(1) a_0 = \dfrac{1}{\pi} \displaystyle\int_{-\pi}^{\pi} f(x) \mathrm{d}x = \dfrac{1}{\pi} \Big[\int_{-\pi}^{0} \pi \mathrm{d}x + \int_{0}^{\pi} x \mathrm{d}x \Big] = \dfrac{3}{2}\pi$

$$a_n = \frac{1}{\pi} \int_{-\pi}^{\pi} f(x) \cos nx \mathrm{d}x = \frac{1}{\pi} \Big[\int_{-\pi}^{0} \pi \cos nx \mathrm{d}x + \int_{0}^{\pi} x \cos nx \mathrm{d}x \Big] =$$

$$\frac{1}{\pi} \Big[\frac{x}{n} \sin nx \Big|_{0}^{\pi} - \frac{1}{n} \int_{0}^{\pi} \sin nx \mathrm{d}x \Big] =$$

$$\frac{1}{n^2 \pi} \cos nx \Big|_{0}^{\pi} = \frac{1}{n^2 \pi} \big[(-1)^n - 1 \big] = \begin{cases} 0 & (n \text{ 为偶数}) \\ -\dfrac{2}{n^2 \pi} & (n \text{ 为奇数}) \end{cases}$$

$$b_n = \frac{1}{\pi} \int_{-\pi}^{\pi} f(x) \sin nx \mathrm{d}x = \frac{1}{\pi} \Big[\int_{-\pi}^{0} \pi \sin nx \mathrm{d}x + \int_{0}^{\pi} x \sin nx \mathrm{d}x \Big] =$$

$$\frac{-1}{n} \cos nx \Big|_{-\pi}^{0} + \frac{1}{\pi} \Big[\frac{x}{n} \cos nx \Big|_{0}^{\pi} + \frac{1}{n} \int_{0}^{\pi} \cos nx \mathrm{d}x \Big] =$$

$$\frac{(-1)^n - 1}{n} - \frac{(-1)^2}{n} = -\frac{1}{n} \quad (n = 1, 2, \cdots)$$

所以

$$f(x) = \frac{3}{4}\pi + \frac{2}{\pi} \sum_{n=1}^{\infty} \frac{\cos(2n-1)x}{(2n-1)^2} - \sum_{n=1}^{\infty} \frac{1}{n} \sin nx$$

$$(-\infty < x < +\infty, x \neq 2k\pi, k = 0, \pm 1, \pm 2, \cdots)$$

(2)
$$a_0 = \frac{1}{\pi}\int_{-\pi}^{\pi} f(x)\mathrm{d}x = \frac{1}{\pi}\int_{-\pi}^{\pi}|x|\mathrm{d}x = \frac{2}{\pi}\int_0^{\pi} x\mathrm{d}x = \pi$$

$$a_n = \frac{1}{\pi}\int_{-\pi}^{\pi} f(x)\cos nx\mathrm{d}x = \frac{2}{\pi}\int_0^{\pi} x\cos nx\mathrm{d}x =$$

$$\frac{2}{\pi}\Big[\frac{x}{n}\sin nx\Big|_0^{\pi} - \frac{1}{n}\int_0^{\pi}\sin nx\mathrm{d}x\Big] =$$

$$\frac{2}{\pi}\cdot\frac{1}{n^2}\cos nx\Big|_0^{\pi} = \frac{1}{n^2\pi}\big[(-1)^n - 1\big] = \begin{cases} 0 & (n\text{ 为偶数}) \\ -\dfrac{4}{n^2\pi} & (n\text{ 为奇数}) \end{cases}$$

所以

$$f(x) = \frac{\pi}{2} - \frac{4}{\pi}\sum_{n=1}^{\infty}\frac{\cos(2n-1)x}{(2n-1)^2} \quad (-\infty < x < +\infty)$$

(3)
$$a_0 = \frac{1}{\pi}\int_{-\pi}^{\pi} f(x)\mathrm{d}x = \frac{1}{\pi}\int_{-\frac{\pi}{2}}^{\frac{\pi}{2}}1\mathrm{d}x = 1$$

$$a_n = \frac{1}{\pi}\int_{-\pi}^{\pi} f(x)\cos nx\mathrm{d}x = \frac{1}{\pi}\int_{-\frac{\pi}{2}}^{\frac{\pi}{2}} x\cos nx\mathrm{d}x =$$

$$\frac{1}{n\pi}\sin nx\Big|_{-\frac{\pi}{2}}^{\frac{\pi}{2}} = \frac{2}{n\pi}\sin\frac{n\pi}{2} \quad (n = 1, 2, \cdots)$$

$$b_n = \frac{1}{\pi}\int_{-\pi}^{\pi} f(x)\sin nx\mathrm{d}x = 0 \quad (n = 1, 2, \cdots)$$

所以

$$f(x) = \frac{1}{2} + \frac{2}{\pi}\sum_{n=1}^{\infty}\frac{1}{n}\sin\frac{n\pi}{2}\cos nx$$

$$(-\infty < x < +\infty, x \neq (2k+1)\pi, k = 0, \pm 1, \pm 2, \cdots)$$

3. 已知下列周期函数在一个周期内表达式,试将它们展开成傅里叶级数.

$$(1)\varphi(t) = \begin{cases} 2, & -2 \leq t < 0 \\ 2-t, & 0 \leq t < 2 \end{cases}; (2)\varphi(t) = \begin{cases} A, & -\dfrac{T}{2} \leq t < 0 \\ -A, & 0 \leq t < \dfrac{T}{2} \end{cases}.$$

解 (1) $l = 2$

$$a_0 = \frac{1}{2}\int_{-2}^{2}\varphi(t)\mathrm{d}t = \frac{1}{2}\int_{-2}^{0}2\mathrm{d}t + \frac{1}{2}\int_0^2(2-t)\mathrm{d}t = 3$$

$$a_n = \frac{1}{2}\int_{-2}^{2}\varphi(t)\cos\frac{n\pi}{2}t\mathrm{d}t =$$

$$\frac{1}{2}\Big[\int_{-2}^{0}2\cos\frac{n\pi t}{2}\mathrm{d}t + \int_0^2(2-t)\cos\frac{n\pi t}{2}\mathrm{d}t\Big] =$$

$$-\frac{1}{2}\Big[\frac{2t}{n\pi}\sin\frac{n\pi t}{2}\Big|_0^2 - \frac{2}{n\pi}\int_0^2\sin\frac{n\pi t}{2}\mathrm{d}t\Big] =$$

$$\frac{-2}{(n\pi)^2}\cos\frac{n\pi t}{2}\Big|_0^2 = \frac{-2}{n^2\pi^2}[(-1)^n - 1] = \begin{cases} 0 & (n \text{ 为偶数}) \\ \dfrac{-4}{n^2\pi^2} & (n \text{ 为奇数}) \end{cases}$$

$$b_n = \frac{1}{2}\int_{-2}^2 \varphi(t)\sin\frac{n\pi t}{2}\mathrm{d}t = \frac{1}{2}\Big[\int_{-2}^0 2\sin\frac{n\pi t}{2}\mathrm{d}t + \int_0^2 (2-t)\sin\frac{n\pi t}{2}\mathrm{d}t\Big] =$$

$$-\frac{2}{n\pi}\cos\frac{n\pi t}{2}\Big|_{-2}^0 + \frac{1}{2}\Big[-\frac{2(2-t)}{n\pi}\cos\frac{n\pi t}{2}\Big|_0^2 - \frac{2}{n\pi}\int_0^2\cos\frac{n\pi t}{2}\mathrm{d}t\Big] =$$

$$\frac{(-1)^n}{n\pi} \quad (n = 1,2,\cdots)$$

$$\varphi(t) = \frac{3}{2} + \frac{4}{\pi^2}\sum_{n=1}^\infty \frac{1}{(2n-1)^2}\cos\frac{(2n-1)\pi}{2}t + \frac{\pi}{2}\sum_{n=1}^\infty \frac{(-1)^n}{n}\sin\frac{n\pi}{2}$$

$$(-\infty < t < \infty, t \neq (2k+1)^2, k = 0, \pm1, \pm2, \cdots)$$

(2)$\varphi(t)$ 为奇函数,所以 $a_n = 0(n = 1,2,\cdots)$, $l = \dfrac{\pi}{2}$

$$b_n = \frac{2}{l}\int_0^l \varphi(t)\sin\frac{n\pi}{l}t\mathrm{d}t =$$

$$\frac{4}{T}\int_0^{\frac{T}{2}} A\sin\frac{2n\pi}{T}t\mathrm{d}t = \frac{4A}{T}\Big(-\frac{T}{2n\pi}\cos\frac{2n\pi}{T}t\Big)\Big|_0^{\frac{T}{2}} =$$

$$\frac{2A}{n\pi}[1 - (-1)^n] = \begin{cases} 0 & (n \text{ 为偶数}) \\ \dfrac{4A}{n\pi} & (n \text{ 为奇数}) \end{cases}$$

所以

$$\varphi(t) = \frac{4A}{\pi}\sum_{n=1}^\infty \frac{1}{2n-1}\sin\frac{2(2n-1)\pi}{T}t$$

$$(-\infty < t < +\infty, t \neq \frac{1}{2}kT, k = 0, \pm1, \pm2, \cdots)$$

4. 若锯齿形波在一个周期内表达式为 $\varphi(t) = \begin{cases} -\dfrac{2A}{T}t - A, & -\dfrac{T}{2} \leqslant t < 0 \\ -\dfrac{2A}{T}t + A, & 0 \leqslant t < \dfrac{T}{2} \end{cases}$,试写出前

五次谐波.

解 　　　　$$a_n = \frac{2}{T}\int_{-\frac{T}{2}}^{\frac{T}{2}} \varphi(t)\cos\frac{2n\pi}{T}t\mathrm{d}t =$$

$$\frac{2}{T}\Big[\int_{-\frac{T}{2}}^0 \Big(-\frac{2A}{T}t - A\Big)\cos\frac{2n\pi}{T}t\mathrm{d}t + \int_0^{\frac{T}{2}}\Big(-\frac{2A}{T}t + A\Big)\cos\frac{n\pi t}{T}\mathrm{d}t\Big] =$$

$$-\frac{4A}{T^2}\int_{-\frac{T}{2}}^{\frac{T}{2}} t\cos\frac{2n\pi}{T}t\mathrm{d}t = 0 \quad (n = 1,2,\cdots)$$

$$b_n = \frac{2}{T} \int_{-\frac{T}{2}}^{\frac{T}{2}} \varphi(t) \sin \frac{2n\pi}{T} t \mathrm{d}t =$$

$$\frac{2}{T} \left[-2 \int_0^{\frac{T}{2}} \frac{2A}{T} t \sin \frac{2n\pi}{T} t \mathrm{d}t + 2 \int_0^{\frac{T}{2}} A \sin \frac{n\pi t}{T} \mathrm{d}t \right] =$$

$$\frac{8A}{T^2} \left[\frac{Tt}{2n\pi} \cos \frac{2n\pi}{T} t \Big|_0^{\frac{T}{2}} - \frac{T}{2n\pi} \int_0^{\frac{T}{2}} \cos \frac{2n\pi}{T} t \mathrm{d}t \right] + \frac{4A}{T} \cdot \frac{-T}{2n\pi} \cos \frac{2n\pi}{T} t \Big|_0^{\frac{T}{2}} =$$

$$\frac{2A}{n\pi} (-1)^n - \frac{2A}{n\pi} [(-1)^n - 1] = \frac{2A}{n\pi} \qquad (n = 1,2,\cdots)$$

$\varphi(t)$ 的前五次谐波为

$$\frac{2A}{\pi} \sin \frac{2\pi}{T} t, \frac{2A}{\pi} \sin \frac{4\pi}{T} t, \frac{2A}{\pi} \sin \frac{6\pi}{T} t, \frac{2A}{\pi} \sin \frac{8\pi}{T} t, \frac{2A}{\pi} \sin \frac{10\pi}{T} t$$

5. 将下列函数在指定区间内展开成傅里叶级数

$$u(t) = \begin{cases} -E & \left(-\frac{T}{2} \leqslant t < 0 \right) \\ E & \left(0 \leqslant t < \frac{T}{2} \right) \end{cases} \quad (E \text{ 为常量})$$

解 将函数 $u(t)$ 进行周期延拓

$$a_n = \frac{2}{T} \int_{-\frac{T}{2}}^{\frac{T}{2}} u(t) \cos \frac{2n\pi}{T} t \mathrm{d}t = 0 \qquad (n = 0,1,2,\cdots)$$

$$b_n = \frac{2}{T} \int_{-\frac{T}{2}}^{\frac{T}{2}} u(t) \sin \frac{2n\pi}{T} t \mathrm{d}t =$$

$$\frac{4}{T} \int_0^{\frac{T}{2}} E \sin \frac{2n\pi}{T} t \mathrm{d}t =$$

$$\frac{4E}{T} \left(-\frac{T}{2n\pi} \cos \frac{2n\pi}{T} t \right) \Big|_0^{\frac{T}{2}} = \frac{2E}{n\pi} [1 - (-1)^n] =$$

$$\begin{cases} 0, & n \text{ 为偶数} \\ \dfrac{4E}{n\pi}, & n \text{ 为奇数} \end{cases}$$

所以

$$u(t) = \frac{4E}{\pi} \sum_{n=1}^{\infty} \frac{1}{2n-1} \sin \frac{2(2n-1)\pi}{T} t, \quad t \in \left(-\frac{T}{2}, 0 \right) \cup \left(0, \frac{T}{2} \right)$$

6. 将 $f(x) = \begin{cases} 1, & 0 \leqslant x < h \\ \dfrac{1}{2}, & x = h \quad (h \text{ 为常量}) \text{ 展开成正弦级数.} \\ 0, & h < x \leqslant \pi \end{cases}$

解 将 $f(t)$ 进行奇延拓，$a_n = 0 (n = 0,1,2,\cdots)$

$$b_n = \frac{2}{\pi} \int_0^\pi f(x) \sin nx \mathrm{d}x = \frac{2}{\pi} \left[\int_0^h \sin nx \mathrm{d}x + 0 \right] =$$

$$\frac{2}{\pi} \left(-\frac{1}{n} \cos nx \right) \Big|_0^h = \frac{2}{n\pi} [1 - \cos nh]$$

所以

$$f(x) = \frac{2}{\pi} \sum_{n=1}^{\infty} \frac{(1 - \cos nh)}{n} \sin nx, \quad x \in (0, \pi)$$

7. 将 $\varphi(t) = \begin{cases} -t, & 0 \le t < \dfrac{T}{4} \\ -\dfrac{t}{4}, & \dfrac{T}{4} \le t < \dfrac{T}{2} \end{cases}$ 展开成余弦级数.

解　将 $\varphi(t)$ 进行偶延拓, $b_n = 0, (n = 1, 2, \cdots)$

$$a_0 = \frac{4}{T} \int_0^{\frac{T}{2}} \varphi(t) \mathrm{d}t = \frac{4}{T} \left[\int_0^{\frac{T}{4}} -t \mathrm{d}t + \int_{\frac{T}{4}}^{\frac{T}{2}} -\frac{T}{4} \mathrm{d}t \right] = -\frac{3}{8} T$$

$$a_n = \frac{4}{T} \int_0^{\frac{T}{2}} \varphi(t) \cos \frac{2n\pi}{T} t \mathrm{d}t =$$

$$\frac{4}{T} \left[\int_0^{\frac{T}{4}} -t \cos \frac{2n\pi}{T} t \mathrm{d}t + \int_{\frac{T}{4}}^{\frac{T}{2}} -\frac{T}{4} \cos \frac{2n\pi}{T} t \mathrm{d}t \right] =$$

$$\frac{4}{T} \left[-\frac{Tt}{2n\pi} \sin \frac{2n\pi}{T} \Big|_0^{\frac{T}{4}} + \frac{T}{2n\pi} \int_0^{\frac{T}{4}} \sin \frac{2n\pi}{T} t \mathrm{d}t \right] - \frac{T}{2n\pi} \sin \frac{2n\pi}{T} t \Big|_{\frac{T}{4}}^{\frac{T}{2}} =$$

$$-\frac{T}{2n\pi} \sin \frac{n\pi}{2} + \frac{4(-T^2)}{T(2n\pi)^2} \cos \frac{2n\pi}{T} t \Big|_0^{\frac{T}{4}} + \frac{T}{2n\pi} \sin \frac{n\pi}{2} =$$

$$\frac{T}{n^2 \pi^2} \left[1 - \cos \frac{n\pi}{2} \right] \quad (n = 1, 2, \cdots)$$

所以

$$\varphi(t) = \frac{3}{16} T + \frac{T}{\pi^2} \sum_{n=1}^{\infty} \frac{1 - \cos \dfrac{n\pi}{2}}{n^2} \cos \frac{2n\pi}{T} t \quad \left(t \in \left[0, \frac{T}{2} \right) \right)$$

8. 将 $f(x) = 1 - x^2 \left(0 \le x \le \dfrac{1}{2} \right)$ 分别展开成正弦级数与余弦级数.

解　将 $f(x)$ 进行奇延拓, $a_n = 0 (n = 0, 1, 2, \cdots)$

$$b_n = 4 \int_0^{\frac{1}{2}} (1 - x^2) \sin 2n\pi \mathrm{d}x =$$

$$-\frac{4(1 - x^2)}{2n\pi} \cos 2n\pi x \Big|_0^{\frac{1}{2}} + \frac{2}{n\pi} \int_0^{\frac{1}{2}} -2x \cos 2n\pi x \mathrm{d}x =$$

$$\frac{-3}{2n\pi} \cos n\pi + \frac{2}{n\pi} - \frac{4}{n\pi} \left[\frac{x}{2n\pi} \sin 2n\pi x \Big|_0^{\frac{1}{2}} - \frac{1}{2n\pi} \sin 2n\pi x \mathrm{d}x \right] =$$

$$\frac{4 - 3(-1)^n}{2n\pi} + \frac{2}{n^2 \pi^2} \cdot \frac{-1}{2n\pi} \cos 2n\pi x \Big|_0^{\frac{1}{2}} =$$

$$\frac{4 - 3(-1)^n}{2n\pi} + \frac{1}{n^3 \pi^3} = \begin{cases} \dfrac{7}{2n\pi} + \dfrac{2}{n^3 \pi^3} & (n \text{ 为奇数}) \\ \dfrac{1}{2n\pi} & (n \text{ 为偶数}) \end{cases}$$

所以

$$f(x) = \frac{1}{\pi} \sum_{n=1}^{\infty} \left[\frac{7}{2(2n-1)} + \frac{2}{(2n-1)^3 \pi^2} \right] \sin 2(2n-1)\pi x + \frac{1}{2\pi} \sum_{n=1}^{\infty} \frac{1}{2n} \sin 4n\pi x$$

$$\left(x \in \left(0, \frac{1}{2} \right) \right)$$

将 $f(x)$ 进行偶延拓，$b_n = 0 (n = 1, 2, \cdots)$

$$a_0 = 4 \int_0^{\frac{1}{2}} (1 - x^2) \mathrm{d}x = \frac{11}{6}$$

$$a_n = 4 \int_0^{\frac{1}{2}} (1 - x^2) \cos 2n\pi x \mathrm{d}x =$$

$$\frac{4(1-x^2)}{2n\pi} \sin 2n\pi x \bigg|_0^{\frac{1}{2}} + \frac{4}{n\pi} \int_0^{\frac{1}{2}} x \sin 2n\pi x \mathrm{d}x =$$

$$-\frac{2x}{n^2 \pi^2} \cos 2n\pi x \bigg|_0^{\frac{1}{2}} + \frac{2}{n^2 \pi^2} \int_0^{\frac{1}{2}} \cos 2n\pi x \mathrm{d}x =$$

$$-\frac{1}{n^2 \pi^2} \cos n\pi = \frac{(-1)^{n-1}}{n^2 \pi^2} \quad (n = 1, 2, \cdots)$$

所以

$$f(x) = \frac{11}{12} + \frac{1}{\pi^2} \sum_{n=1}^{\infty} \frac{(-1)^{n-1}}{n^2} \cos 2n\pi x \quad \left(x \in \left[0, \frac{1}{2} \right] \right)$$

11.4　验收测试题

1. 填空题

(1) 级数 $\sum_{n=1}^{\infty} a_n$ 收敛的必要条件是_____，但它不是级数收敛的_____；

(2) 设常数 $x > 0$，若级数 $\sum_{n=1}^{\infty} (-1)^n \frac{n}{x^n}$ 绝对收敛，则 x 的取值范围为_____；

(3) 若级数 $\sum_{n=1}^{\infty} a_n$ 绝对收敛，则级数 $\sum_{n=1}^{\infty} a_n$ 必定_____；若级数 $\sum_{n=1}^{\infty} a_n$ 条件收敛，则级数 $\sum_{n=1}^{\infty} |a_n|$ 必定_____；

(4) 若级数 $\sum_{n=1}^{\infty} (-1)^n a_n 2^n$ 收敛，则级数 $\sum_{n=1}^{\infty} a_n$ _____；

(5) 设 $\sum_{n=1}^{\infty} a_n (x-2)^n$ 在 $x = 1$ 处条件收敛，则其收敛半径为_____；

(6) 已知 $f(x)$ 是以 2π 为周期的函数，且 $f(x) = \begin{cases} x + \pi & -\pi \leqslant x < 0 \\ x - \pi & 0 \leqslant x < \pi \end{cases}$，则其以 2π 为周期的傅里叶级数在 $x = \frac{5\pi}{2}$ 处收敛于_____；

(7) 设幂级数 $\sum\limits_{n=1}^{\infty} a_n (x - 1)^n$ 在 $x = 0$ 处收敛,在 $x = 2$ 处发散,则幂级数 $\sum\limits_{n=1}^{\infty} a_n (x + 1)^n$ 的

收敛域为_____;

(8) 设 $f(x)$ 是周期为 2π 的周期函数,且 $f(x) = x^2 (-\pi \leqslant x < \pi)$,则 $f(x)$ 的傅里叶系数

$a_2 = $ _____;

(9) 幂级数 $\sum\limits_{n=1}^{\infty} x^n (|x| < 1)$ 的和函数 $S(x) = $ _____.

2. 选择题

(1) 设级数 $\sum\limits_{n=1}^{\infty} a_n$ 收敛,则下列级数中必定收敛的是_____;

A. $\sum\limits_{n=1}^{\infty} a_n^2$　　　B. $\sum\limits_{n=1}^{\infty} (-1)^n a_n$　　　C. $\sum\limits_{n=1}^{\infty} \dfrac{a_n^2}{n}$　　　D. $\sum\limits_{n=1}^{\infty} (a_n - a_{n-1})$

(2) 设级数 $\sum\limits_{n=1}^{\infty} a_n^2$ 收敛,则级数 $\sum\limits_{n=1}^{\infty} \dfrac{a_n}{n}$ _____;

A. 绝对收敛　　　B. 条件收敛　　　　C. 发散　　　　D. 敛散性不能确定

(3) 若 $\sum\limits_{n=1}^{\infty} a_n$ 条件收敛,$\sum\limits_{n=1}^{\infty} b_n$ 绝对收敛,则 $\sum\limits_{n=1}^{\infty} (a_n + b_n)$ _____;

A. 发散　　　　B. 绝对收敛　　　　C. 条件收敛　　　D. 不能确定

(4) 设级数 $\sum\limits_{n=1}^{\infty} (-1)^n \dfrac{1}{n^p}$ 条件收敛,则常数 p 的取值范围为_____;

A. $p > 1$　　　B. $p \geqslant 1$　　　　C. $0 < p < 1$　　　D. $0 < p \leqslant 1$

(5) 设常数 $a > b > 0$,则幂级数 $\sum\limits_{n=1}^{\infty} \dfrac{n}{a^n + b^n} x^n$ 的收敛半径_____;

A. $R = a$　　　B. $R = b$　　　　C. $R = a + b$　　　D. $R = \dfrac{a + b}{2}$

(6) 已知 $f(x)$ 是以 2 为周期的周期函数且 $f(x) = \begin{cases} x + 1 & -1 \leqslant x < 0 \\ x - 1 & 0 \leqslant x < 1 \end{cases}$,设其傅里叶级

数的和函数为 $S(x)$,则 $S\left(\dfrac{5}{2}\right) = $ _____;

A. $\dfrac{1}{2}$　　　B. $-\dfrac{1}{2}$　　　　C. 0　　　　D. $\dfrac{3}{2}$

(7) 若级数 $\sum\limits_{n=1}^{\infty} a_n x^n$ 在 $x = 2$ 处收敛,则级数 $\sum\limits_{n=1}^{\infty} a_n \left(x - \dfrac{1}{2}\right)^n$ 在 $x = -2$ 处的收敛性为____;

A. 绝对收敛　　　B. 条件收敛　　　　C. 发散　　　　D. 不能确定

(8) 设 $S(x) = \sum\limits_{n=1}^{\infty} n x^{n-1} (|x| < 1)$,则 $S\left(\dfrac{1}{2}\right) = $ _____;

A. 2　　　　B. 4　　　　C. 1　　　　D. 3

(9) 设常数 $k > 0$,且级数 $\sum\limits_{n=1}^{\infty} a_n^2$ 收敛,则级数 $\sum\limits_{n=1}^{\infty} (-1)^n \dfrac{|a_n|}{\sqrt{n^2 + k}}$ _____;

A. 绝对收敛　　　B. 条件收敛　　　　C. 发散　　　　D. 收敛性与 k 有关

11.5 验收测试题答案

1. 填空题

(1) $\lim\limits_{n\to\infty} a_n = 0$, 充分条件；　(2) $|x| > 1$；　(3) 收敛, 发散；　(4) 绝对收敛；　(5) 1；

(6) $-\dfrac{\pi}{2}$；　(7) $[0,2]$；　(8) 1；　(9) $\dfrac{x}{1-x}$.

2. 选择题

(1) D；　(2) A；　(3) C；　(4) D；　(5) A；　(6) B；　(7) D；　(8) B；　(9) A.

总复习题

期末测试模拟题(一)

一、填空题(本大题共 5 小题,每小题 3 分,共 15 分)

1. 微分方程 $y' + y = \mathrm{e}^{-x}$ 是哪种类型的微分方程_____;

2. 微分方程 $y'' - 4y' + 4y = 0$ 的通解为_____;

3. 设 $\boldsymbol{a} = 3\boldsymbol{i} - \boldsymbol{j} - 2\boldsymbol{k}, \boldsymbol{b} = \boldsymbol{i} + 2\boldsymbol{j} - \boldsymbol{k}$,则 $\boldsymbol{a} \times 2\boldsymbol{b} =$ _____;

4. 设 $z = x^3 y - xy^3$,则 $\mathrm{d}z =$ _____;

5. 幂级数 $\sum\limits_{n=1}^{\infty} nx^n$ 的收敛域为_____.

二、单项选择题(本大题共 5 小题,每小题 3 分,共 15 分)

1. 点 $(2, -1, 1)$ 到平面 $2x - y + 2z + 5 = 0$ 的距离为_____;

  A. 3   B. 4   C. 7   D. 12

2. 设 $f(x, y) = x + (y - 3)\arccos\sqrt{\dfrac{x}{y}}$,则 $f_x(x, 3) =$ _____;

  A. 0   B. 1   C. 2   D. 3

3. 设 $z = f(u, v)$ 具有一阶连续偏导数,且 $u = x^2 - y^2, v = \mathrm{e}^{xy}$,则 $\dfrac{\partial z}{\partial x} =$ _____;

  A. $2xf_u + \mathrm{e}^{xy}f_v$ B. $-2yf_u + \mathrm{e}^{xy}f_v$

  C. $2xf_u + y\mathrm{e}^{xy}f_v$ D. $-2yf_u + x\mathrm{e}^{xy}f_v$

4. 曲线积分 $\oint_L (2xy + 3x\mathrm{e}^x)\mathrm{d}x + (x^2 - y\cos y)\mathrm{d}y$ 的值为_____;其中 L 是按逆时针方向

绕行的椭圆 $\dfrac{x^2}{a^2} + \dfrac{y^2}{b^2} = 1$;

  A. 0   B. 1   C. 2   D. 3

5. 幂级数 $\sum\limits_{n=1}^{\infty} (-1)^{n+1} \dfrac{x^n}{n}$ 的收敛域为_____.

  A. $[-1, 1]$ B. $(-1, 1]$ C. $[-1, 1)$ D. $(-1, 1)$

三、计算题(本大题共 7 小题,每小题 7 分,共 49 分)

1. 求一阶微分方程 $xy' - y\ln y = 0$ 的通解;

2. 求二阶微分方程 $y'' + y' - 2y = 0$ 的通解;

3. 设 $z = e^{u-2v}$ 而 $u = \sin x, v = x^3$, 求 $\dfrac{dz}{dx}$;

4. 计算二重积分 $\displaystyle\iint_D e^{x^2+y^2}\,dxdy$, 其中 D 是圆周 $x^2 + y^2 = 4$ 所围成的闭区域;

5. 计算曲线积分 $\displaystyle\oint_L (2xy - x^2)\,dx + (x + y^2)\,dy$, 其中 L 是抛物线 $y = x^2$ 与 $x = y^2$ 所围成的闭区域;

6. 判断级数 $\displaystyle\sum_{n=1}^{\infty} (-1)^n \frac{n}{3^{n-1}}$ 是否收敛, 如果收敛是绝对收敛还是条件收敛;

7. 求曲面 $x^2 + y^2 + z^2 = 169$ 上在点 $(3, 4, 12)$ 处的切平面和法线方程.

四、应用题(本大题共 2 小题,每小题 8 分,共 16 分)

1. 求函数 $f(x, y) = x^2 - xy + y^2 + 3x - 3y + 4$ 的极值.

2. 求曲线 $x = a\cos t, y = a\sin t, z = bt$ 在对应于 $t = \dfrac{\pi}{4}$ 的点处的切线和法平面方程.

五、证明题(5 分)

试证明曲面 $\sqrt{x} + \sqrt{y} + \sqrt{z} = \sqrt{a}$ 上任意一点处的切平面在各坐标轴上的截距之和等于 a.

期末测试模拟题(二)

一、填空题(本大题共 5 小题,每小题 3 分,共 15 分)

1. 一阶微分方程 $\dfrac{dy}{dx} + P(x)y = Q(x)$ 的通解为_____;

2. 微分方程 $y'' + 2y' - 3y = 0$ 的通解为_____;

3. 已知两点 $M_1(4, \sqrt{2}, 1)$ 与 $M_2(3, 0, 2)$,则向量 $\overrightarrow{M_1M_2} = $_____;

4. 设函数 $z = \sin(x^2 + y^2)$,则 $dz = $_____;

5. 幂级数 $\displaystyle\sum_{n=1}^{\infty} \dfrac{x^n}{n^n}$ 的收敛域为_____.

二、单项选择题(本大题共 5 小题,每小题 3 分,共 15 分)

1. 点 $(1,2,1)$ 到平面 $x + 2y + 2z - 10 = 0$ 的距离为_____;

A. 1　　　　　B. 2　　　　　C. 3　　　　　D. 4

2. 设 $z = x^2 + 3xy + y^2$,则 $f'_x(1,2) = $_____;

A. 7　　　　　B. 8　　　　　C. 9　　　　　D. 10

3. 设 $z = f(u, v)$ 具有一阶连续偏导数,且 $u = x^2 + y^2$,$v = e^{xy}$,则 $\dfrac{\partial z}{\partial x} = $_____;

A. $2xf_u + ye^{xy}f_v$ 　　　　　　　　B. $2xf_u - ye^{xy}f_v$

C. $2xf_u + e^{xy}f_v$ 　　　　　　　　D. $2yf_u + xe^{xy}f_v$

4. 曲线积分 $\displaystyle\oint_L (2x - y + 4)dx + (3x + 5y - 6)dy$ 的值为_____;其中 L 是以点 $(0,0)$,$(3,0)$,$(3,2)$ 为顶点的三角形区域的正向边界;

A. 9　　　　　B. 10　　　　　C. 11　　　　　D. 12

5. 幂级数 $\displaystyle\sum_{n=1}^{\infty} x^{2n+1}$ 的收敛域为_____.

A. $(-1,1)$　　　B. $(-1,1]$　　　C. $[-1,1)$　　　D. $[-1,1]$

三、计算题(本大题共 7 题,每小题 7 分,共 49 分)

1. 求一阶微分方程 $\dfrac{dy}{dx} + y = e^{-x}$ 的通解;

2. 求二阶微分方程 $y'' - 4y' + 4y = 0$ 满足初始条件 $y|_{x=0} = 1$,$y'|_{x=0} = 4$ 的特解;

3. 设 $z = \dfrac{x^2 y^2}{x - y}$,求偏导数 $\dfrac{\partial z}{\partial x}$;

4. 计算二重积分 $\displaystyle\iint_D xy\,dx\,dy$,其中 D 是由 $x = 1$,$y = x + 1$ 所围成的闭区域;

5. 计算曲线积分 $\displaystyle\oint_L (x + y)^2 dx - (x^2 + y^2)dy$,其中 L 是以点 $(0,0)$,$(1,0)$,$(0,1)$ 为顶点的

三角形区域的正向边界;

6. 判断级数 $\sum\limits_{n=1}^{\infty} (-1)^n \dfrac{n}{n+1}$ 的收敛性；

7. 求曲线 $x=t, y=t^2, z=t^3$ 在点 $(1,1,1)$ 的切线及法平面方程.

四、应用题(本大题共 2 小题,每小题 8 分,共 16 分)

1. 求函数 $f(x,y) = x^3 - y^3 + 3x^2 + 3y^2 - 9x$ 的极值.

2. 求椭球 $x^2 + 2y^2 + 3z^2 = 6$ 上的点 $(1,1,1)$ 处的切平面及法线的方程.

五、证明题(5 分)

设 $x=x(y,z), y=y(x,z), z=z(x,y)$ 都是由方程 $F(x,y,z)=0$ 所确定的具有连续偏导数的函数,证明 $\dfrac{\partial x}{\partial y} \cdot \dfrac{\partial y}{\partial z} \cdot \dfrac{\partial z}{\partial x} = -1$.

期末测试模拟题(三)

一、单项选择题(每小题 3 分,4 小题共 12 分)

1. 方程 $y'' + y = x\cos x$ 的特解可设为 $y = $ _____;

A. $ax\cos x$ B. $(ax + b)\cos x$

C. $(ax + b)\cos x + (cx + d)\sin x$ D. $x\left[(ax + b)\cos x + (cx + d)\sin x\right]$

2. 过 x 轴及点 $(3, -1, 2)$ 的平面方程是 _____;

A. $2y + z = 0$ B. $2y - z = 0$ C. $x + 3y = 0$ D. $2x - 3z = 0$

3. 曲面 $z = xy$ 上的法线垂直于 $x + 3y + z - 9 = 0$ 的点是 _____;

A. $(-3, -1)$ B. $(-3, -1, 3)$ C. $(-1, -3, 3)$ D. $(-1, -3)$

4. 幂级数 $\sum_{n=1}^{\infty} \dfrac{x^{n+1}}{n!}$ 的和函数是 _____;

A. $(x - 1)e^x$ B. $xe^x - 1$ C. $x(e^x - 1)$ D. xe^x

二、填空题(每小题 3 分,8 小题共 24 分)

1. 微分方程 $y' = \sec^2 x$ 的通解是 $y = $ _____;

2. 设 $\boldsymbol{a} = \{-2, 1, 6\}, \boldsymbol{b} = \{-3, 2, 0\}$,则 $\boldsymbol{a} \cdot \boldsymbol{b} = $ _____;

3. 过点 $(1, 2, 3)$ 且垂直于平面 $-2x + 5y + z + 4 = 0$ 的直线方程是 _____;

4. 设函数 $z = x^y$,则 $\dfrac{\partial z}{\partial x} = $ _____;

5. 由方程 $yz + x^2 + z + 1 = 0$ 确定的函数 $z = f(x, y)$,则 $\dfrac{\partial z}{\partial x} = $ _____;

6. 设区域 D 由 $y = x^2, x = 1$ 及 x 轴所围成,则区域 D 的面积是 _____;

7. 设 L 为圆周 $x^2 + y^2 = 4$ 的边界正向,则 $\oint_L (1 - x^2)y\,\mathrm{d}x + x(1 + y^2)\,\mathrm{d}y = $ _____;

8. 幂级数 $\sum_{n=0}^{\infty} \dfrac{x^n}{2^n n^2}$ 的收敛半径 $R = $ _____.

三、解答题(每小题 8 分,4 小题共 32 分)

1. 求经过点 $(-2, 3, 1)$ 且平行于直线 $\begin{cases} 2x - 3y + z + 5 = 0 \\ x + 5y - 2z + 1 = 0 \end{cases}$ 的直线方程;

2. 设微分方程 $y' + \dfrac{2}{x}y + x = 0$ 满足条件 $y(2) = 0$,求其特解;

3. 求微分方程 $y'' + 3y' + 2y = 2x + 1$ 的通解;

4. 求函数 $f(x, y) = x^3 - 4x^2 + 2xy - y^2 + 2\,010$ 的极值.

四、计算题(每小题 8 分,4 小题共 32 分)

1. 设 f 为可微函数,$z = f(xy, x + y)$,求 $\dfrac{\partial z}{\partial x}, \dfrac{\partial z}{\partial y}$;

2. 计算 $\iint\limits_{D} 24xy\mathrm{d}x\mathrm{d}y$，区域 D 由曲线 $y = x^2$ 及直线 $y = x$ 所围成；

3. 计算 $\iint\limits_{D} 9\sqrt{x^2 + y^2}\mathrm{d}x\mathrm{d}y$，区域 D 为圆 $x^2 + y^2 = 2x$ 的上半圆周及 x 轴所围成的平面区域；

4. 求幂级数 $\sum\limits_{n=1}^{\infty} 2nx^n$ 的和函数，并指出其收敛域.

期末测试模拟题(四)

一、单选题(每小题 3 分,4 小题共 12 分)

1. 方程 $y'' + y = 2x\sin x$ 的特解可设为 $y =$ _____;

A. $(ax + b)\cos x + (cx + d)\sin x$ B. $x[(ax + b)\cos x + (cx + d)\sin x]$

C. $ax\sin x$ D. $(ax + b)\sin x$

2. 过 z 轴及点 $(3, -1, 2)$ 的平面方程是_____;

A. $x + 3y = 0$ B. $3x + y = 0$ C. $2x - 3z = 0$ D. $2y + z = 0$

3. 曲面 $z = xy$ 上的法线垂直于 $x + 3y - z + 10 = 0$ 的点是_____;

A. $(1, 3, 1)$ B. $(1, 3, 3)$ C. $(3, 1, 1)$ D. $(3, 1, 3)$

4. $p -$ 级数 $\sum\limits_{n=1}^{\infty} \dfrac{1}{n^{p-2}}$ 收敛,则有_____.

A. $p > 1$ B. $p < 1$ C. $p > 3$ D. $p < 3$

二、填空题(每小题 3 分,8 小题共 24 分)

1. 微分方程 $3x^2\mathrm{d}x + 6y\mathrm{d}y = 0$ 的通解是_____;

2. 设 $\boldsymbol{a} = \{7, 1, 0\}$, $\boldsymbol{b} = \{-2, 4, 18\}$,则 $\boldsymbol{a} \cdot \boldsymbol{b} =$ _____;

3. 过点 $(0, 2, -5)$ 且垂直于平面 $x - 4y + 5z + 1 = 0$ 的直线方程是_____;

4. 设函数 $z = x^y$,则 $\dfrac{\partial z}{\partial y} =$ _____;

5. 由方程 $yz + x^2 + z + 4 = 0$ 所确定的函数 $z = f(x, y)$,则 $\dfrac{\partial z}{\partial y} =$ _____;

6. 设区域 D 由 $y = x^2$,$y = 1$ 及 y 轴所围成,则区域 D 的面积为_____;

7. 设 L 是两坐标轴与 $x + y = 1$ 所围成的三角形边界正向,则 $\oint_L (x - y)\mathrm{d}x + 3x\mathrm{d}y =$ _____;

8. 幂级数 $\sum\limits_{n=0}^{\infty} \dfrac{x^n}{\mathrm{e}^n(n + 2)}$ 的收敛半径 $R =$ _____.

三、解答题(每小题 8 分,4 小题共 32 分)

1. 求经过点 $(4, -1, 0)$ 且平行于直线 $\begin{cases} x + y - z + 1 = 0 \\ x - y + 2 = 0 \end{cases}$ 的直线方程;

2. 设微分方程 $y' + \dfrac{1}{x}y = 4x^2 + 3x$ 满足条件 $y(1) = 0$,求其特解;

3. 求微分方程 $y'' - 3y' + 2y = 4x$ 的通解;

4. 求函数 $f(x, y) = x^2 - xy + y^2 - 2x + y + 5$ 的极值.

四、计算题(每小题 8 分,4 小题共 32 分)

1. 设 f 为可微函数,$z = f(xy, x^2 + y^2)$,求 $\dfrac{\partial z}{\partial x}, \dfrac{\partial z}{\partial y}$;

2. 计算 $I = \iint\limits_{D} 30xy^2 \mathrm{d}x\mathrm{d}y$，区域 D 由 $x = 1, y = x$ 及 x 轴所围成；

3. 计算 $\iint\limits_{D} 4(x^2 + y^2)\,\mathrm{d}x\mathrm{d}y$，区域 D 为圆 $x^2 + y^2 = 2x$ 的上半圆周及 x 轴所围成的平面区域；

4. 求幂级数 $\sum\limits_{n=1}^{\infty}(n+1)x^n$ 的和函数，并指出其收敛域.

期末测试模拟题（五）

一、填空题（本大题共 5 小题，每小题 3 分，共 15 分）

1. 设 a,b,c 都是单位向量，且满足 $a+b+c=0$，则 $a\cdot b+b\cdot c+c\cdot a=$ _____；

2. 级数 $\sum\limits_{n=1}^{\infty}\dfrac{2}{3^n}$ 的和为 _____；

3. e^x 的麦克劳林级数为 _____；

4. 过点 $(3,0,-1)$ 且与平面 $3x-7y+5z-12=0$ 平行的平面方程为 _____；

5. 已知 $\overrightarrow{OA}=i+3k,\overrightarrow{OB}=j+3k$，则 $\triangle OAB$ 的面积为 _____．

二、单项选择题（本大题共 5 小题，每小题 3 分，共 15 分）

1. 点 $(2,-1,1)$ 到平面 $2x-y+2z+5=0$ 的距离为 _____；

A. 3   B. 4   C. 7   D. 12

2. 设 $f(x,y)=x+(y-3)\arccos\sqrt{\dfrac{x}{y}}$，则 $f_x(x,3)=$ _____；

A. 0   B. 1   C. 2   D. 3

3. 设 $z=f(u,v)$ 具有连续的一阶偏导数，且 $u=x^2-y^2,v=e^{xy}$，则 $\dfrac{\partial z}{\partial x}=$ _____；

(A) $2xf_u+e^{xy}f_v$ (B) $-2yf_u+e^{xy}f_v$ (C) $2xf_u+ye^{xy}f_v$ (D) $-2yf_u+xe^{xy}f_v$

4. 曲线积分 $\int_L 2xy\mathrm{d}x+(x^2+y)\mathrm{d}y$ 的值为 _____，其中 L 是从点 $O(0,0)$ 到点 $M(1,1)$ 任意曲线段；

A. $\dfrac{1}{2}$ B. 1   C. 2   D. $\dfrac{3}{2}$

5. 幂级数 $\sum\limits_{n=1}^{\infty}\dfrac{1}{n}x^n$ 的收敛域为 _____．

A. $[-1,1]$ B. $(-1,1]$ C. $[-1,1)$ D. $(-1,1)$

三、计算题（本大题共 8 个小题，每小题 6 分，共 48 分）

1. 求一阶微分方程 $\dfrac{\mathrm{d}y}{\mathrm{d}x}+2xy=4x$ 的通解；

2. 求二阶微分方程 $\dfrac{\mathrm{d}^2 y}{\mathrm{d}x^2}-3\dfrac{\mathrm{d}y}{\mathrm{d}x}-4y=0$ 的通解；

3. 判别级数 $\sum\limits_{n=1}^{\infty}\ln\left(1+\dfrac{1}{n^2}\right)$ 收敛性；

4. 判定级数 $\sum\limits_{n=1}^{\infty}\dfrac{(-1)^n n}{5^{n-1}}$ 是否收敛，如果收敛，是绝对收敛还是条件收敛？

5. 设 $z=\arctan\dfrac{x}{y}$，求 $\mathrm{d}z$；

6. 设函数 $z(x,y)$ 是由方程 $e^z - xyz = 0$ 所确定的,求 $\frac{\partial z}{\partial x}, \frac{\partial z}{\partial y}$;

7. 计算二重积分 $\iint\limits_{D} e^{x^2+y^2} \mathrm{d}x\mathrm{d}y$,其中 D 是由圆周 $x^2 + y^2 = 4$ 所围成的闭区域;

8. 计算曲线积分 $\oint\limits_{L}(2xy - x^2)\mathrm{d}x + (x + y^2)\mathrm{d}y$,其中 L 是由抛物线 $y = x^2$ 和 $x = y^2$ 所围成的区域的正向边界曲线.

四、应用题(本大题共 2 小题,每小题 8 分,共 16 分)

1. 求内接于半径为 a 的球且有最大体积的长方体;

2. 求由曲面 $z = x^2 + 2y^2$ 及 $z = 6 - 2x^2 - y^2$ 所围成的立体的体积.

五、证明题(6 分)

设 $z = xy + xF(u)$,而 $u = \frac{y}{x}$,$F(u)$ 为可导函数,证明 $x\frac{\partial z}{\partial x} + y\frac{\partial z}{\partial y} = z + xy$.

期末测试模拟题（六）

一、填空题（本大题共 5 小题，每小题 3 分，共 15 分）

1. $a = i - 2j - 2k, b = 6i + 3j - 2k$，则 $a \cdot b = $ _____ ；

2. 级数 $\sum_{n=0}^{\infty} u_n$ 收敛的必要条件为 _____ ；

3. $\ln(1 + x)$ 的麦克劳林级数为 _____ ；

4. 过点 $(3, -1, 7)$ 且以 $n = 4i + 2j - 5k$ 为法向量的平面方程为 _____ ；

5. 两平面 $x - y + 2z - 6 = 0$ 和 $2x + y + z - 5 = 0$ 的夹角为 _____ .

二、单项选择题（本大题共 5 小题，每小题 3 分，共 15 分）

1. 点 $(1, 2, 1)$ 到平面 $x + 2y + 2z = 10$ 的距离为 _____ ；
   A. 1   B. 4   C. 7   D. 12

2. 若 $a = \{\lambda, -3, 2\}$ 与 $b = \{1, 2, \lambda\}$ 相互垂直，则 $\lambda = $ _____ ；
   A. 0   B. 1   C. 2   D. 3

3. 设 $f(x, y) = x + (y - 1)\arcsin\sqrt{\dfrac{x}{y}}$，则 $f_x(x, 1) = $ _____ ；
   A. 0   B. 1   C. 2   D. 3

4. 设曲线 L 为上半圆周 $y = \sqrt{a^2 - x^2}$ $(a > 0)$，则 $\int_L y\,\mathrm{d}s = $ _____ ；
   A. a^2 B. $2a^2$ C. $4a^2$ D. 0

5. 幂级数 $\sum_{n=1}^{\infty} \dfrac{1}{n^2}x^n$ 的收敛域为 _____ .
   A. $[-1, 1]$ B. $(-1, 1]$ C. $[-1, 1)$ D. $(-1, 1)$

三、计算题（本大题共 8 小题，每小题 6 分，共 48 分）

1. 求一阶微分方程 $\dfrac{\mathrm{d}y}{\mathrm{d}x} + y = e^{-x}$ 的通解；

2. 求二阶微分方程 $\dfrac{\mathrm{d}^2 y}{\mathrm{d}x^2} - 3\dfrac{\mathrm{d}y}{\mathrm{d}x} + 2y = 0$ 的通解；

3. 判别级数 $\sum_{n=1}^{\infty} \sin\dfrac{1}{n}$ 的收敛性；

4. 判定级数 $\sum_{n=1}^{\infty} \dfrac{(-1)^n n}{3^{n-1}}$ 是否收敛，如果收敛，是绝对收敛还是条件收敛？

5. 设 $z = x^2 \cos y$，求 $\mathrm{d}z$；

6. 设函数 $y(x)$ 是由方程 $\sin y + e^x - xy^2 = 0$ 所确定的，求 $\dfrac{\mathrm{d}y}{\mathrm{d}x}$；

7. 计算二重积分 $\iint\limits_{D} xy\,\mathrm{d}x\mathrm{d}y$，$D$ 是由直线 $y = 1, x = 2, y = x$ 所围成的闭区域；

8. 计算二重积分 $\iint\limits_{D} \sqrt{x^2 + y^2}\,\mathrm{d}x\mathrm{d}y$，其中 D 是圆环形闭区域 $\{(x,y) \mid a^2 \leqslant x^2 + y^2 \leqslant b^2\}$.

四、应用题(本大题共 2 小题,每小题 8 分,共 16 分)

1. 求球体 $x^2 + y^2 + z^2 \leqslant 4a^2$ 被圆柱面 $x^2 + y^2 = 2ax(a > 0)$ 所截得的(含在圆柱内的部分)立体的体积；

2. 求表面积为 a^2 而体积为最大的长方体的体积.

五、证明题(6 分)

设 $2\sin(x + 2y - 3z) = x + 2y - 3z$，证明 $\dfrac{\partial z}{\partial x} + \dfrac{\partial z}{\partial y} = 1$.

总复习题答案

期末测试模拟题（一）答案

一、填空题

1. 一阶线性；   2. $y = (c_1 + c_2 x) e^{2x}$；   3. $12\boldsymbol{i} + 8\boldsymbol{j} + 14\boldsymbol{k}$；

4. $(3x^2 y - y^3) dx + (x^3 - 3xy^2) dy$；   5. $(-1, 1)$.

二、单项选择题

1. B；   2. B；   3. C；   4. A；   5. B.

三、计算题

解   1. $x \dfrac{dy}{dx} = y \ln y, \dfrac{dy}{y \ln y} = \dfrac{dx}{x}$

$\displaystyle\int \frac{dy}{y \ln y} = \int \frac{dx}{x}, \int \frac{d\ln y}{\ln y} = \int \frac{dx}{x}$

所以 $\ln \ln y = \ln x + \ln c = \ln cx$，即 $-y = e^{cx}$；

2. 特征方程为 $r^2 + r - 2 = 0$

特征根为 $r_1 = 1, r_2 = -2$

故通解为 $y = c_1 e^x + c_2 e^{-2x}$；

3. $\dfrac{dz}{dx} = e^{u-2v} \cos x + e^{u-2v}(-2)3x^2 = \cos x e^{u-2v} - 6x^2 e^{u-2v} = (\cos x - 6x^2) e^{\cos x - 2x^3}$；

4. 用极坐标计算 $D: 0 \leqslant \theta \leqslant 2\pi, 0 \leqslant \rho \leqslant 2$

原式 $= \displaystyle\iint_D e^{\rho^2} \rho \, d\rho \, d\theta = \frac{1}{2} \int_0^{2\pi} \left(\int_0^2 e^{\rho^2} d\rho^2 \right) d\theta = \frac{1}{2} \int_0^{2\pi} (e^4 - 1) d\theta = \pi(e^4 - 1)$；

5. 原式 $= \displaystyle\iint_D \left[\frac{\partial(x + y^2)}{\partial x} - \frac{\partial(2xy - x^2)}{\partial y} \right] dx dy =$

$\displaystyle\iint_D (1 - 2x) dx dy = \int_0^1 dx \int_{x^2}^{\sqrt{x}} (1 - 2x) dy = \frac{1}{30}$；

6. $|u_n| = \left| (-1)^n \dfrac{n}{3^{n-1}} \right| = \dfrac{n}{3^{n-1}}$，因为 $\displaystyle\lim_{n \to \infty} \left| \frac{u_{n+1}}{u_n} \right| = \lim_{n \to \infty} \frac{n+1}{3n} = \frac{1}{3} < 1$

故 $\displaystyle\sum_{n=1}^{\infty} (-1)^n \frac{n}{3^{n-1}}$ 收敛，且绝对收敛；

7. 设 $F(x, y, z) = x^2 + y^2 + z^2 - 169$

$F_x(x, y, z) = 2x, \quad F_y(x, y, z) = 2y, \quad F_z(x, y, z) = 2z$

在点 $(3, 4, 12)$ 处曲面的法向量为 $\boldsymbol{n} = \{3, 4, 12\}$

所以切平面方程为 $\qquad$ $3x + 4y + 12z - 144 = 0$

法线方程为 $\qquad$ $\dfrac{x-3}{3} = \dfrac{y-4}{4} = \dfrac{z-12}{12}$

四、应用题

解 1. $\qquad$ $f_x = 2x - y + 3 = 0$, $\quad f_y = 2y - x - 3 = 0$

解方程组 $\begin{cases} f_x = 2x - y + 3 = 0 \\ f_y = 2y - x - 3 = 0 \end{cases}$,得唯一驻点 $(-1, 1)$

$$A = f_{xx} = 2, \quad B = f_{xy} = -1, \quad C = f_{yy} = 2$$

$$AC - B^2 = 2 \times 2 - 1 = 3 > 0, \quad A = 2 > 0$$

所以 $f(-1, 1) = 7$ 为 $f(x, y)$ 的极小值.

2. 对应于 $t = \dfrac{\pi}{4}$ 的点为 $\left(\dfrac{a}{\sqrt{2}}, \dfrac{a}{\sqrt{2}}, \dfrac{b\pi}{4}\right)$

$$x' = -a\sin t, \quad y' = a\cos t, \quad z' = b$$

曲线在该处的一个切向量为 $\left\{-\dfrac{a}{\sqrt{2}}, \dfrac{a}{\sqrt{2}}, b\right\}$

法平面方程为 $\qquad -\dfrac{\sqrt{2}}{a}\left(x - \dfrac{a}{\sqrt{2}}\right) + \dfrac{\sqrt{2}}{a}\left(y - \dfrac{a}{\sqrt{2}}\right) + b\left(z - \dfrac{\pi}{4}b\right) = 0$

法线方程为 $\qquad \dfrac{x - \dfrac{a}{\sqrt{2}}}{-\dfrac{\sqrt{2}}{a}} = \dfrac{y - \dfrac{a}{\sqrt{2}}}{\dfrac{\sqrt{2}}{a}} = \dfrac{z - \dfrac{\pi}{4}b}{b}$

五、证明题

设 $F(x, y, z) = \sqrt{x} + \sqrt{y} + \sqrt{z} - \sqrt{a}$ 的切点为 $M(x_0, y_0, z_0)$,则

$$\boldsymbol{n} = \left\{F_x, F_y, F_z\right\}_{(x_0, y_0, z_0)} = \left\{\dfrac{1}{2\sqrt{x_0}}, \dfrac{1}{2\sqrt{y_0}}, \dfrac{1}{2\sqrt{z_0}}\right\} = \dfrac{1}{2}\boldsymbol{n}_1, \quad \boldsymbol{n}_1 = \left\{\dfrac{1}{\sqrt{x_0}}, \dfrac{1}{\sqrt{y_0}}, \dfrac{1}{\sqrt{z_0}}\right\}$$

于是在 M_0 处的切平面方程为

$$\dfrac{1}{\sqrt{x_0}}(x - x_0) + \dfrac{1}{\sqrt{y_0}}(y - y_0) + \dfrac{1}{\sqrt{z_0}}(z - z_0) = 0$$

即 $\qquad \dfrac{x}{\sqrt{x_0}} + \dfrac{y}{\sqrt{y_0}} + \dfrac{z}{\sqrt{z_0}} = \sqrt{x_0} + \sqrt{y_0} + \sqrt{z_0} = \sqrt{a}$

所以 $\dfrac{x}{\sqrt{a}\sqrt{x_0}} + \dfrac{y}{\sqrt{a}\sqrt{y_0}} + \dfrac{z}{\sqrt{a}\sqrt{z_0}} = 1$,故切线在三个坐标轴的截距分别为

$$A = \sqrt{a}\sqrt{x_0}, \quad B = \sqrt{a}\sqrt{x_0}, \quad C = \sqrt{a}\sqrt{x_0}$$

截距之和为 $\sqrt{a}\sqrt{x_0} + \sqrt{a}\sqrt{x_0} + \sqrt{a}\sqrt{x_0} = \sqrt{a}\left(\sqrt{x_0} + \sqrt{y_0} + \sqrt{z_0}\right) = \sqrt{a}\sqrt{a} = a$.

期末测试模拟题（二）答案

一、填空题

1. $y = \mathrm{e}^{-\int P(x)\mathrm{d}x}\left[\int Q(x)\mathrm{e}^{\int P(x)\mathrm{d}x}\mathrm{d}x + C\right]$；　2. $y = c_1 \mathrm{e}^{-x} + c_2 \mathrm{e}^{3x}$；　3. $\{-1, -\sqrt{2}, 1\}$；

4. $2\cos(x^2 + y^2)(x\mathrm{d}x + y\mathrm{d}y)$；　5. $(-\infty, \infty)$.

二、单项选择题

1. A；　2. B；　3. A；　4. D；　5. A.

三、计算题

解　1. $P(x) = 1, Q(x) = \mathrm{e}^{-x}$

所以
$$y = \mathrm{e}^{-\int \mathrm{d}x}\left[\int \mathrm{e}^{-x}\mathrm{e}^{\int \mathrm{d}x}\mathrm{d}x + C\right] = \mathrm{e}^{-x}\left[\int \mathrm{e}^{-x}\mathrm{e}^{x}\mathrm{d}x + C\right] =$$

$$\mathrm{e}^{-x}\left(\int \mathrm{d}x + C\right) = \mathrm{e}^{-x}(x + C)$$

2. 特征方程为 $r^2 - 4r + 4 = 0$

特征根为 $r_1 = r_2 = 2$，是两个相同实根，所以通解为
$$y = (c_1 + c_2 x)\mathrm{e}^{2x}$$

将初始条件 $y|_{x=0} = 1$ 代入通解，得 $c_1 = 1$，则通解为
$$y = (1 + c_2 x)\mathrm{e}^{2x}$$

求导得 $y' = c_2 \mathrm{e}^{2x} + (1 + c_1 x)2\mathrm{e}^{2x} = (c_2 + 2 + 2c_2 x)\mathrm{e}^{2x}$

将初始条件 $y'|_{x=0} = 4$ 代入上式得 $c_2 = 2$，所以特解为
$$y = (1 + 2x)\mathrm{e}^{2x}$$

3. $\dfrac{\partial z}{\partial x} = \dfrac{2xy^3(x - y) - x^2 y^3}{(x - y)^2} = \dfrac{xy^3(x - 2y)}{(x - y)^2}$；

4. $D: 0 \le x \le 1, 1 \le y \le x + 1$
$$\text{原式} = \int_0^1 x\mathrm{d}x \int_1^{x+1} y\mathrm{d}y = \frac{1}{2}\int_0^1 (x^3 + 2x^2)\mathrm{d}x = \frac{11}{24}$$

5. $P = (x + y)^2, Q = -(x^2 + y^2), \dfrac{\partial Q}{\partial x} = -2x, \dfrac{\partial P}{\partial y} = 2(x + y)$，由格林公式得

$$\text{原式} = \iint\limits_{D}(-2x - 2x - 2y)\mathrm{d}x\mathrm{d}y = -\iint\limits_{D}(4x + 2y)\mathrm{d}x\mathrm{d}y =$$

$$-\int_0^1 \mathrm{d}x \int_0^{1-x}(4x + 2y)\mathrm{d}y = -\int_0^1(-3x^2 + 2x + 1)\mathrm{d}x = -1$$

6. $|u_n| = \dfrac{n}{n+1}$，因为 $\lim\limits_{n\to\infty}|u_n| = \lim\limits_{n\to\infty}\dfrac{n}{n+1} = 1 \neq 0$

故 $\sum\limits_{n=1}^{\infty}(-1)^n \dfrac{n}{n+1}$ 发散.

7. 因为 $x'(t) = 1, y'(t) = 2t, z'(t) = 3t^2$，而点 $(1,1,1)$ 所对应的参数为 $t = 1$，所以曲线在该点处的一个切向量为 $\{1, 2, 3\}$，

于是切线方程为

$$\frac{x-1}{1} = \frac{y-2}{2} = \frac{z-1}{3}$$

法平面方程为

$$(x-1) + 2(y-1) + 3(z-1) = 0$$

即

$$x + 2y + 3z - 6 = 0$$

四、应用题

解 1.
$$f_x = 3x^2 + 6x - 9, \quad f_y = -3y^2 + 6y$$
$$A = f_{xy} = 6x + 6, \quad B = f_{xy} = 0, \quad C = f_{yy} = -6y + 6$$

解方程组 $\begin{cases} f_x = 3x^2 + 6x - 9 = 0 \\ f_y = -3y^2 + 6y = 0 \end{cases}$,得驻点

$(1,0), \quad (1,2), \quad (-3,0), \quad (-3,2)$

在点$(1,0)$处,$AC - B^2 = 72 > 0$,又$A = 12 > 0$,故函数在该点取得极小值$f(1,0) = -5$,

在点$(1,2)$处,$AC - B^2 = -72 < 0$,故函数在该点无极值,

在点$(-3,0)$处,$AC - B^2 = -72 < 0$,故函数在该点无极值点;

在点$(-3,2)$处,$AC - B^2 = 72 > 0$,又$A = -12 < 0$,故函数在该点取得极大值

$f(-3,2) = 31$.

2. 设$F(x,y,z) = x^2 + 2y^2 + 3z^2 - 6$,则$F_x = 2x, F_y = 4y, F_z = 6z$,故在点$(1,1,1)$处椭球面的一个法向量为$\{1,2,3\}$,所以切平面方程为

$$(x-1) + 2(y-1) + 3(z-1) = 0$$

即

$$x + 2y + 3z - 6 = 0$$

法线方程为

$$\frac{x-1}{1} = \frac{y-2}{2} = \frac{z-1}{3}$$

五、证明题

因为

$$\frac{\partial x}{\partial y} = -\frac{F_y}{F_x}, \quad \frac{\partial y}{\partial z} = -\frac{F_z}{F_y}, \quad \frac{\partial z}{\partial x} = -\frac{F_x}{F_z}$$

所以

$$\frac{\partial x}{\partial y} \cdot \frac{\partial y}{\partial z} \cdot \frac{\partial z}{\partial x} = -\frac{F_y}{F_x} \cdot -\frac{F_z}{F_y} \cdot -\frac{F_x}{F_z} = -1$$

期末测试模拟题(三)答案

一、单项选择题

1. D; 2. A; 3. B; 4. C.

二、填空题

1. $\tan x + C$; 2. 8; 3. $\dfrac{x-1}{-2} = \dfrac{y-2}{5} = \dfrac{z-3}{1}$; 4. yx^{y-1}; 5. $-\dfrac{2x}{y+1}$; 6. $\dfrac{1}{3}$; 7. 8π;

8. 2.

三、解答题

1. $\boldsymbol{n} = \boldsymbol{n}_1 \times \boldsymbol{n}_2 = \{1,5,13\}$,直线方程$\dfrac{x+2}{1} = \dfrac{y-3}{5} = \dfrac{z-1}{13}$;

2. $y = \dfrac{1}{x^2}\left[\int -x^3 \mathrm{d}x + c\right] = \dfrac{c}{x^2} - \dfrac{1}{4}x^2$ 由 $y(2) = 0$ 得 $y = \dfrac{4}{x^2} - \dfrac{1}{4}x^2$;

3. $Y = c_1 \mathrm{e}^{-x} + c_2 \mathrm{e}^{-2x}, y^* = x - 1, y = c_1 \mathrm{e}^{-x} + c_2 \mathrm{e}^{-2x} + x - 1$;

4. 令 $\begin{cases} f_x = 0 \\ f_y = 0 \end{cases}$ 得驻点$(0,0),(2,2)$,极大值 $f(0,0) = 2\,010,(2,2)$ 不是极值点.

四、计算题

1. $\dfrac{\partial z}{\partial x} = yf_1 + f_2, \dfrac{\partial z}{\partial y} = xf_1 + f_2$;

2. $I = \int_0^1 \mathrm{d}x \int_{x^2}^x 24xy\mathrm{d}y = \int_0^1 12x(x^2 - x^4)\mathrm{d}x = 1$;

3. $I = \int_0^{\frac{\pi}{2}} \mathrm{d}\theta \int_0^{2\cos\theta} 9\rho^2 \mathrm{d}\rho = 24\int_0^{\frac{\pi}{2}} \cos^3\theta\mathrm{d}\theta = 16$;

4. $s(x) = 2x\left(\sum_{n=1}^{\infty} x^n\right)' = 2x\left(\dfrac{x}{1-x}\right)' = \dfrac{2x}{(1-x)^2}, x \in (-1,1)$.

期末测试模拟题(四)答案

一、单项选择题

1. B; 2. A; 3. D; 4. C.

二、填空题

1. $x^3 + 3y^2 = c$; 2. -10; 3. $\dfrac{x}{1} = \dfrac{y-2}{-4} = \dfrac{z+5}{5}$; 4. $x^y \ln x$; 5. $-\dfrac{z}{y+1}$;

6. $\dfrac{2}{3}$; 7. 2; 8. e

三、解答题

1. $\boldsymbol{n} = \boldsymbol{n}_1 \times \boldsymbol{n}_2 = \{1,1,2\}$,直线方程$\dfrac{x-4}{1} = \dfrac{y+1}{1} = \dfrac{z}{2}$;

2. $y = \dfrac{1}{x}\left[\int(4x^3 + 3x^2)\mathrm{d}x + c\right] = x^3 + x^2 + \dfrac{c}{x}$,由 $y(1) = 0$ 得 $y = x^3 + x^2 - \dfrac{2}{x}$;

3.
$$Y = c_1 \mathrm{e}^x + c_2 \mathrm{e}^{2x}, \qquad y^* = 2x + 3$$
$$y = c_1 \mathrm{e}^x + c_2 \mathrm{e}^{2x} + 2x + 3$$

4. 令 $\begin{cases} f'_x = 2x - y - 2 = 0 \\ f'_y = -x + 2y + 1 = 0 \end{cases}$,得驻点$(1,0)$,极小值 $f(1,0) = 4$.

四、计算题

1. $\dfrac{\partial z}{\partial x} = yf_1 + 2xf_2, \dfrac{\partial z}{\partial y} = xf_1 + 2yf_2$;

2. $I = \displaystyle\int_0^1 dx \int_0^x 30xy^2 dy = \int_0^1 10x^4 dx = 2$;

3. $I = \displaystyle\int_0^{\frac{\pi}{2}} d\theta \int_0^{2\cos\theta} 4\rho^3 d\rho = 16\int_0^{\frac{\pi}{2}} \cos^4\theta d\theta = 3\pi$;

4. $s(x) = \left(\displaystyle\sum_{n=1}^{\infty} x^{n+1}\right)' = \left(\dfrac{x^2}{1-x}\right)' = \dfrac{x(2-x)}{(1-x)^2}, x \in (-1,1)$.

期末测试模拟题(五) 答案

一、填空题

1. -1.5;   2. 1;   3. $1 + x + \dfrac{x^2}{2!} + \cdots + \dfrac{x^n}{n!} + \cdots x \in (-\infty, +\infty)$;

4. $3x - 7y + 5z - 4 = 0$;   5. $\dfrac{1}{2}\sqrt{19}$.

二、单项选择题

1. B;   2. B;   3. C;   4. D;   5. C.

三、计算题

1. $y = e^{-\int 2x dx}\left[\int 4xe^{\int 2x dx} dx + C\right] = e^{-x^2}(2e^{x^2} + C)$;

2. 因为特征方程为 $r^2 - 3r - 4 = 0$,特征根为 $r = 4, r = -1$

所以通解为 $y = C_1 e^{4x} + C_2 e^{-x}$;

3. 因为 $\displaystyle\lim_{n\to\infty} \dfrac{\ln\left(1 + \dfrac{1}{n^2}\right)}{\dfrac{1}{n^2}} = 1$,且 $\displaystyle\sum_{n=1}^{\infty} \dfrac{1}{n^2}$ 收敛,所以 $\displaystyle\sum_{n=1}^{\infty} \ln\left(1 + \dfrac{1}{n^2}\right)$ 收敛;

4. 因为 $\displaystyle\lim_{n\to\infty} \dfrac{\dfrac{n+1}{5^{n1}}}{\dfrac{n}{5^{n-1}}} = \dfrac{1}{5}$,所以 $\displaystyle\sum_{n=1}^{\infty} \dfrac{(-1)^n n}{5^{n-1}}$ 绝对收敛;

5. 因为 $z_x = \dfrac{y}{x^2 + y^2}, z_y = \dfrac{-x}{x^2 + y^2}$,所以 $dz = \dfrac{y}{x^2 + y^2} dx + \dfrac{-x}{x^2 + y^2} dy$;

6. 令 $F(x,y,z) = e^z - xyz, z_x = -\dfrac{F_x}{F_z} = \dfrac{yz}{e^z - xy}, z_y = -\dfrac{F_y}{F_z} = \dfrac{xz}{e^z - xy}$;

7. $\displaystyle\iint_D e^{x^2+y^2} dxdy = \int_0^{2\pi} d\theta \int_0^2 e^{r^2} r dr = \pi(e^4 - 1)$;

8. $\displaystyle\oint_L (2xy - x^2) dx + (x + y^2) dy = \iint_D (1 - 2x) dxdy = \int_0^1 dx \int_{x^2}^{\sqrt{x}} (1 - 2x) dy = \dfrac{1}{30}$.

四、应用题

1. $V = \iint\limits_{D} (6 - 2x^2 - y^2 - x^2 - 2y^2)\mathrm{d}\sigma = \int_0^{2\pi} \mathrm{d}\theta \int_0^{\sqrt{2}} (6 - 3r^2)r\mathrm{d}r = 6\pi$;

2. 令 $L(x,y,z) = xyz + \lambda(x^2 + y^2 + z^2 - 4a^2)$

则
$$\begin{cases} yz + 2\lambda x = 0 \\ xz + 2\lambda y = 0 \\ yx + 2\lambda z = 0 \\ x^2 + y^2 + z^2 = 4a^2 \end{cases}$$

解得 $x = y = z = \dfrac{2\sqrt{3}}{3}a$,从而 $V_{\max} = \dfrac{8\sqrt{3}}{9}a^3$.

五、证明

因为 $z_x = y + F(u) - \dfrac{y}{x}F'(u)$;$z_y = x + F'(u)$,所以

$$x\frac{\partial z}{\partial x} + y\frac{\partial z}{\partial y} = xy + z$$

期末测试模拟题(六)答案

一、填空题

1. 4; 2. $\lim\limits_{n\to\infty} u_n = 0$; 3. $\sum\limits_{n=0}^{\infty} \dfrac{(-1)^n}{n+1}x^{n+1}, x \in (-1,1]$; 4. $4x + 2y - 5z + 25 = 0$; 5. $\dfrac{\pi}{3}$.

二、单项选择题

1. A; 2. C; 3. B; 4. B; 5. A.

三、计算题

1. $y = \mathrm{e}^{-\int \mathrm{d}x}\left[\int \mathrm{e}^{-x}\mathrm{e}^{\int \mathrm{d}x}\mathrm{d}x + C\right] = \mathrm{e}^{-x}(x + C)$;

2. 因为特征方程为 $r^2 - 3r + 2 = 0$,特征根为 $r = 2, r = 1$,

所以通解为 $y = C_1\mathrm{e}^{2x} + C_2\mathrm{e}^x$;

3. 因为 $\lim\limits_{n\to\infty} \dfrac{\sin\dfrac{1}{n}}{\dfrac{1}{n}} = 1$,且 $\sum\limits_{n=1}^{\infty} \dfrac{1}{n}$ 发散,所以 $\sum\limits_{n=1}^{\infty} \sin\dfrac{1}{n}$ 发散;

4. 记 $u_n = \dfrac{(-1)^n n}{3^{n-1}}$,因为 $\lim\limits_{n\to\infty} \dfrac{\dfrac{n+1}{3^n}}{\dfrac{n}{3^{n-1}}} = \dfrac{1}{3}$,所以 $\sum\limits_{n=1}^{\infty} \dfrac{(-1)^n n}{3^{n-1}}$ 绝对收敛;

5. 因为 $z_x = 2x\cos y$,$z_y = -x^2\sin y$,所以 $\mathrm{d}z = 2x\cos y\mathrm{d}x - x^2\sin y\mathrm{d}y$;

6. 令 $F(x,y) = \sin y + \mathrm{e}^x - xy^2 = 0$,$\dfrac{\mathrm{d}y}{\mathrm{d}x} = -\dfrac{F_x}{F_y} = \dfrac{\mathrm{e}^x - y^2}{2xy - \cos y}$;

7. $\iint\limits_{D} xy\mathrm{d}x\mathrm{d}y = \int_{1}^{2}\mathrm{d}x\int_{1}^{x}xy\mathrm{d}y = \frac{1}{2}\int_{1}^{2}(x^{3}-x)\mathrm{d}x = \frac{9}{8}$;

8. $\iint\limits_{D}\sqrt{x^{2}+y^{2}}\mathrm{d}x\mathrm{d}y = \int_{0}^{2\pi}\mathrm{d}\theta\int_{a}^{b}r^{2}\mathrm{d}r = 2\pi\int_{a}^{b}r^{2}\mathrm{d}r = \frac{2\pi}{3}(b^{3}-a^{3})$.

四、应用题

1.
$$V = 4\iint\limits_{D}\sqrt{4a^{2}-x^{2}-y^{2}}\mathrm{d}x\mathrm{d}y =$$
$$4\int_{0}^{\frac{\pi}{2}}\mathrm{d}\theta\int_{0}^{2a\cos\theta}\sqrt{4a^{2}-r^{2}}r\mathrm{d}r = \frac{32}{3}a^{3}\left(\frac{\pi}{2}-\frac{2}{3}\right)$$

2. 令 $L(x,y,z) = xyz + \lambda(2xy+2yz+2zx-a^{2})$，则
$$\begin{cases} yz + 2\lambda(y+z) = 0 \\ xz + 2\lambda(x+z) = 0 \\ yx + 2\lambda(y+x) = 0 \\ 2xy + 2yz + 2zx - a^{2} = 0 \end{cases}$$

解得 $x = y = z = \frac{\sqrt{6}}{6}a$，从而 $V_{\max} = \frac{\sqrt{6}}{36}a^{3}$.

五、证明

令 $F(x,y,z) = 2\sin(x+2y-3z) - x - 2y + 3z$，因为
$$z_{x} = -\frac{F_{x}}{F_{z}} = \frac{2\cos(x+2y-3z)-1}{6\cos(x+2y-3z)-3} = \frac{1}{3}, \quad z_{y} = -\frac{F_{y}}{F_{z}} = \frac{4\cos(x+2y-3z)-2}{6\cos(x+2y-3z)-3} = \frac{2}{3}$$
所以
$$\frac{\partial z}{\partial x} + \frac{\partial z}{\partial y} = 1$$